大昔の ヘンな 生きもの 超百科

富田京一・監修

目次 もくじ

CONTENTS

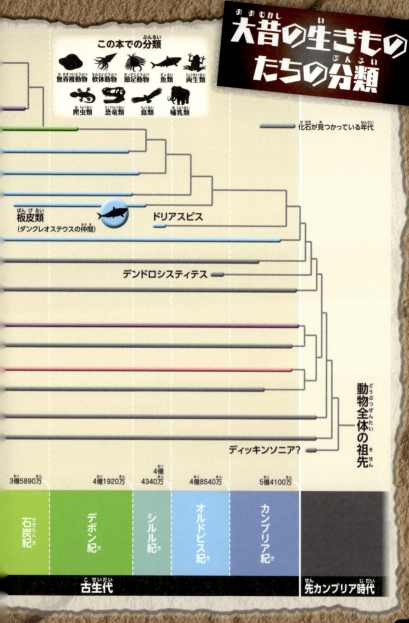

この本での分類

無脊椎動物　軟体動物　節足動物　魚類　両生類

爬虫類　恐竜類　鳥類　哺乳類

―― 化石が見つかっている年代

板皮類
（ダンクレオステウスの仲間）

ドリアスピス

デンドロシスティテス

ディッキンソニア？

動物全体の祖先

3億5890万　4億1920万　4億4340万　4億8540万　5億4100万

石炭紀	デボン紀	シルル紀	オルドビス紀	カンブリア紀	
古生代					先カンブリア時代

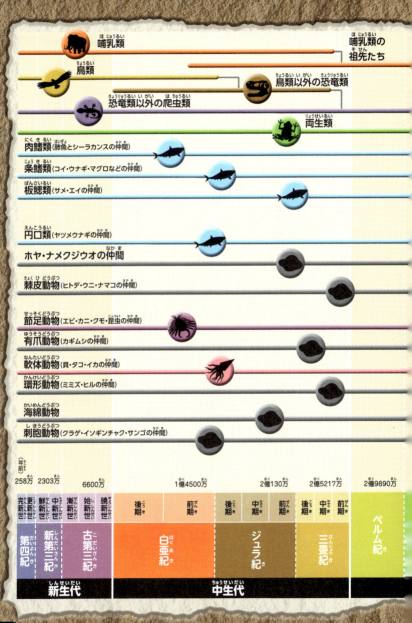

哺乳類（ほにゅうるい）

哺乳類の祖先たち（ほにゅうるい の そせんたち）

鳥類（ちょうるい）

鳥類以外の恐竜類（ちょうるい いがい の きょうりゅうるい）

恐竜類以外の爬虫類（きょうりゅうるい いがい の はちゅうるい）

両生類（りょうせいるい）

肉鰭類（にくきるい）（肺魚とシーラカンスの仲間（なかま））

条鰭類（じょうきるい）（コイ・ウナギ・マグロなどの仲間（なかま））

板鰓類（ばんさいるい）（サメ・エイの仲間（なかま））

円口類（えんこうるい）（ヤツメウナギの仲間（なかま））

ホヤ・ナメクジウオの仲間（なかま）

棘皮動物（きょくひどうぶつ）（ヒトデ・ウニ・ナマコの仲間（なかま））

節足動物（せっそくどうぶつ）（エビ・カニ・クモ・昆虫の仲間（なかま））

有爪動物（ゆうそうどうぶつ）（カギムシの仲間（なかま））

軟体動物（なんたいどうぶつ）（貝・タコ・イカの仲間（なかま））

環形動物（かんけいどうぶつ）（ミミズ・ヒルの仲間（なかま））

海綿動物（かいめんどうぶつ）

刺胞動物（しほうどうぶつ）（クラゲ・イソギンチャク・サンゴの仲間（なかま））

（年前）（ねんまえ）

| 258万（まん） | 2303万（まん） | | 6600万（まん） | | 1億4500万（おく まん） | | 2億130万（おく まん） | | | 2億5217万（おく まん） | | | 2億9890万（おく まん） |

完新世	更新世	鮮新世	中新世	漸新世	始新世	暁新世	後期	前期	後期	中期	前期	後期	中期	前期	

| 第四紀（だいよんき） | | 新第三紀（しんだいさんき） | | 古第三紀（こだいさんき） | | | 白亜紀（はくあき） | | ジュラ紀（じゅらき） | | | 三畳紀（さんじょうき） | | | ペルム紀（ぺるむき） |

| 新生代（しんせいだい） | | | | | | | 中生代（ちゅうせいだい） | | | | | | | | |

はじめに

この本では、大昔に地球上にいた動物のなかから、風変わりな形のもの、ものすごく巨大なもの、歴史的にはつい最近滅んでしまったものなどを紹介しています。

なかには、新発見などによって、最初の復元と現在考えられている姿が、ガラッと変わったものもいます。でも、私は昔の学者たちを笑う気にはなれません。彼らが化石をほりあてて、ああでもない、こうでもないと形や生態を考えてくれたおかげで、だんだんとその姿がわかってきたのです。そんなことをときどき思いだしながら、大昔の世界にひたらせてもらいましょう。

ドクタートミー　富田京一

この本の読み方

大昔の生きものイラスト

生きものの紹介

ドクタートミーの解説

生きものの分類

生きものの名前

生きものデータ
大きさ、食性、生きていた時代などの特ちょうが書いてあります。

第1章
大昔の最強生物
Best10

大昔の最強生物が今、決定される！

最強生物とは、おもにその時代・その地域で食物連鎖の頂点にいた捕食者のことだ。ここでは古代の捕食者たちを紹介していこう。

リオプレウロドン 12ページ

必殺技 かみつき・スタートダッシュ

生きていた時代 ジュラ紀後期

リヴィアタン 10ページ

必殺技 かみつき

生きていた時代 新第三紀中新世

ダンクレオステウス 20ページ

必殺技 丸のみ

生きていた時代 デボン紀後期

シノルニトサウルス 16ページ

必殺技 毒

生きていた時代 白亜紀前期

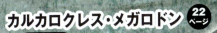

カルカロクレス・メガロドン 22 ページ

必殺技（ひっさつわざ）　食いちぎり

生きていた時代（じだい）　新第三紀中新世（しんだいさんきちゅうしんせい）〜鮮新世（せんしんせい）

ディアトリマ 28 ページ

必殺技（ひっさつわざ）　クチバシでつつく

生きていた時代（じだい）　古第三紀暁新世（こだいさんきぎょうしんせい）〜始新世（ししんせい）

クシファクティヌス 24 ページ

必殺技（ひっさつわざ）　丸のみ

生きていた時代（じだい）　白亜紀後期（はくああきこうき）

ティラノサウルス 14 ページ

必殺技（ひっさつわざ）　食いちぎり・待ちぶせ

生きていた時代（じだい）　白亜紀後期（はくああきこうき）

アルゼンチノサウルス 26 ページ

必殺技（ひっさつわざ）　尾の一撃（おのいちげき）

生きていた時代（じだい）　白亜紀後期（はくああきこうき）

アンドリューサルクス 18 ページ

必殺技（ひっさつわざ）　かみくだき

生きていた時代（じだい）　古第三紀始新世（こだいさんきししんせい）

哺乳類（ほにゅうるい）

リヴィアタン

旧約聖書の怪物に由来する海の支配者

海の支配者であるリヴィアタンは、マッコウクジラの仲間で、今のペルー近海で暮らしていたようだ。マッコウクジラが集団行動していることを考えると、リヴィアタンも群れで活動していたとみられている。

リヴィアタンの武器は、なんといってもがんじょうでするどい歯だろう。同じ時代に生き、「海の覇者」と呼ばれた巨大ザメのメガロドン（22ページ）も大きくするどい歯で有名だが、それでも17センチ程度。リヴィアタンの歯はその倍以上もあったのだ。その歯で巨大なヒゲクジラなどの獲物にかみつき、体を引きさいたとみられている。

またリヴィアタンは音を探知する能力も高く、その能力はにごった海中で獲物を探すのにとても役立っていただろう。

大きさ
全長 13.5 〜 17.5 m

食性
肉食
（他のクジラやサメなど）

生きていた時代
新第三紀中新世

得意技・捕食方法
かみつき

危険度
★★★

10

1位

するどい歯

36センチもあるかたくてするどい歯。この歯で獲物を引きさいたという。

強力なあごと巨大な体で海を支配する！！

ドクタートミーの解説

今のマッコウクジラの歯（写真）は下あごにしかなく、歯のない上あごはダイオウイカをくわえたための受け口だ。リヴィアタンにはこんな歯が上下にあった。他の動物は恐ろしかっただろうね。

海のティラノサウルスと呼ばれる海中の王様

リオプレウロドン

「海」のティラノサウルス」と呼ばれるリオプレウロドンは、全身の4分の1が頭で、すべての爬虫類のなかで最大級である。現在のヨーロッパ近海に住んでいたリオプレウロドン。大きな体に見合わず、ヒレは小さかったようだ。しかし、4本のあしがオール

のようなヒレ形になっていたので、泳ぐスピードを一気に加速させることができたといわれている。

またリオプレウロドンは視力ときゅう覚にすぐれ、その力で獲物を探しあてた。ターゲットさえみつかれば、あとは猛スピードで獲

物に近づき、強力なあごと分厚い歯でかみくだくだけ。こうして〝海のハンター〟として絶対的なパワーをみせつけたと考えられている。

大きさ
全長 10 〜 12 m

食性
肉食（大型の海生動物）

生きていた時代
ジュラ紀後期

得意技・捕食方法
かみつき・スタートダッシュ

危険度
★★★

大昔の
最強生物 Best 10

2位

巨大な頭部

全身の4分の1もある頭。首長竜なのに例外的に首が短く進化したが、その代わりがんじょうになった。

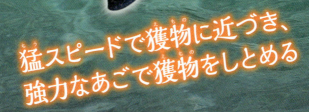

猛スピードで獲物に近づき、
強力なあごで獲物をしとめる

ドクタートミーの解説

恐竜の体温は私たち哺乳類のように高かったらしい。実はリオプレウロドンなど海生爬虫類の多くもそうで、緯度の高いところや深海でも活発に動く恐ろしいハンターだったのかもね。

▲ リオプレウロドンの骨格

ティラノサウルス

肉を食いちぎる暴君トカゲ

史上最強の肉食恐竜と聞くと、ティラノサウルスを思いうかべる人は多い。この恐竜は、今の北アメリカで暮らし、ごく近い仲間はモンゴルや中国にも分布していた。

独特な顔をしたティラノサウルス。鼻先は細長く、目のあたりから横に広がった顔つきになっている。目は前向きにつき、距離感をつかむのに便利だったようだ。またきゅう覚が異常に発達し、木や岩にかくれた獲物や、わずかな血のにおいものがさなかった。そしてバナナより大きい歯で獲物を食いちぎった。

超強力なハンターの顔をもつティラノサウルスだが、実は夫婦仲が良く、家族単位で行動していたともいわれている。ティラノサウルスは家族思いの恐竜だったのかもしれない。

巨大な後ろあし

6トン近くの体重を支えた後ろあしは、かかとの骨だけで1メートルくらいあった。

大きさ
全長約13m

食性
肉食
（他の恐竜や翼竜など）

生きていた時代
白亜紀後期

得意技・捕食方法
食いちぎり・キック・待ちぶせ

危険度
★★★

14

3位（い）

するどい歯（は）で
獲物（えもの）を
のがさない

超（ちょう）パワフルなあご

1.5 メートルほどの長さ
もあるタフなあごには、
バナナの形をした巨大（きょだい）な
歯（は）が 52 本も並（なら）んでいた。

ドクタートミーの解説（かいせつ）

脳（のう）が大きな動物（どうぶつ）はクジラ、ゾウ、人間（じん）の順（じゅん）だが、なんとその次（つぎ）がティラノサウルス。ものを考えるのではなく、ほとんどの部分（ぶぶん）が獲物（えもの）をみつけることと、においをかぎつけることに使（つか）われたらしい。

▲ 組みたて中のティラノサウルス

15

後ろあしのカギづめと
毒を武器に大型恐竜との
闘いにいどむ

毒をそそぎこむするどい歯

上あごの構造が毒ヘビのコブ
ラと似ていることから、毒を
もっていたという説もある。

恐竜類

毒牙をもった羽毛恐竜

シノルニトサウルス

シノルニトサウルスの体は羽毛におおわれ、つばさで羽ばたくこともできた。最近の研究によると、この羽毛はある程度目立つ色合いになっていて、体温調節だけではなく、仲間へのアピールにも使われていたと考えられている。現在の中国に生息していたとされるシノルニト

大きさ	全長約1.2m
食性	肉食（他の小型恐竜や鳥類など）
生きていた時代	白亜紀前期
得意技・捕食方法	毒と手足のつめで攻撃
危険度	★★★

16

ドクター トミーの解説

写真はシノルニトサウルスの仲間の卵。恐竜の卵は、たいていまん丸のものが多いが、鳥にごく近い恐竜の卵だけはだ円形の「卵形」だった。木の上に巣を作るから、そのなかで転がってもぐるっと一周して、木の下に落ちて割れることがないようになっていたんだね。

4位

大きなカギづめ

後ろあしにあるカギづめで獲物を押さえつけることができた。

サウルスは、恐竜にしては小柄だが、後ろあしには大きなカギづめがあった。これだけでも獲物をつかまえることができたが、シノルニトサウルスの武器はこれだけではない。なんと歯に毒をもっていた可能性があるのだ。毒があれば、大型恐竜とも勝負ができる。獲物にかみつき、毒を流しこみ、あとは獲物が死ぬのを待てばいい。こうして、大型の肉食恐竜から身を守り、過こくな恐竜時代を生きぬいたのだろう。

史上最大の陸生肉食哺乳類
アンドリューサルクス

アンドリューサルクスは「史上最大の陸生肉食哺乳類」と呼ばれる。これまでに発掘された化石は頭がい骨の1点のみだが、モンゴルでみつかったこの化石は、ライオンの頭がい骨より2倍近く大きく、長さ84センチ、幅54センチもあった。ここからアンドリューサルクスの大きさを4メートル弱と推定。現在、世界最大の陸生肉食哺乳類ホッキョクグマをゆうに上回っていたとみられる。

アンドリューサルクスの歯は分厚かったが、するどさはなく、肉を切りさくよりはむしろ骨や貝類をかみくだくのに向いていたようだ。

またアンドリューサルクスはくさった肉も食べ、他の肉食獣のエサを横取りしたともいわれている。なんでも食べて、その巨体をやしなっていたのだ。

大きさ
推定体長 3.8 m

食性
雑食（死肉や甲殻類、貝など）

生きていた時代
古第三紀始新世

得意技・捕食方法
かみくだき

危険度
★★★

18

5位

強力なあごと歯が最大の武器だ‼

骨ごとかみくだいた歯

長いあごには大きな歯がずらりと並んでいたという。ハイエナのように獲物の骨までかみくだいた。

ドクタートミーの解説

肉食獣といえばするどいカギづめが定番だが、アンドリューサルクスは、巨体を支えるために草食獣のようなひづめをもっていた。ただ、これでは獲物をひきさくことはできなかったんだ。

170cm

▲ 人間との大きさ比較

ダンクレオステウス

獲物を丸のみする最強ハンター

「魚の時代」といわれたデボン紀。さまざまな魚類が進化をとげ、その多様性はピークをむかえていた。そんな勢力争いが激しい時代に、史上最強と呼ばれた魚がいる。ダンクレオステウスである。

頭部と胸部がかたいものでおおわれていた

ダンクレオステウス。これまで存在した魚類のなかで最もかむ力が強い "一撃必殺のあご" をもっていたという。だが、食べ物を細かくするのは苦手で、かみちぎった肉を丸のみしていたようだ。なかには魚のトゲをのどにつまらせ、死んでしまうケースもあったという。

またダンクレオステウスにはうき袋がなかったので、しずまないように泳ぎまわっていたか、海底をはうように泳いでいたと考えられている。

大きさ
最大全長 10 m

食性
肉食（魚類・ウミサソリ・オウムガイなど）

生きていた時代
デボン紀後期

得意技・捕食方法
丸のみ

危険度
★★★

6位

"一撃必殺のあご"で獲物をかみちぎる

大きな口と歯

デボン紀の生物のなかでは最も大きな口を持っており、その歯もギロチンの刃のようだった。

ドクター トミーの解説

ダンクレオステウスの仲間は上下に動かせるがんじょうなあごで、自分よりも大きな獲物を食いちぎることのできた最初の動物たちだ。このあごは、サメなど他の魚類とは別に進化してできたものらしい。進化って不思議だね。

▲ ダンクレオステウスの頭がい骨

魚類（ぎょるい）

海の絶対王者（ぜったいおうじゃ）

カルカロクレス・メガロドン

ノコギリ状（じょう）のするどい歯（は）

へりがギザギザのノコギリ状（じょう）の歯（は）は、最大（さいだい）のもので17センチもあった。

歴（れき）史（し）上（じょう）、最（もっと）も大きなカルカロクレス・メガロドンだろう。人食いザメとして有名（ゆうめい）なホホジロザメの親せきで、日本ではムカシオオホホジロザメと呼（よ）ばれている。世界各地（せかいかくち）の暖（あたた）かい海に生息（せいそく）していた。メガロドンの歯はするどく、ノコギリのようにギザギザしていたといわ

大きさ	

全長（ぜんちょう）16m

食性（しょくせい）	

肉食（にくしょく）（クジラをふくむ大型海洋生物（おおがたかいようせいぶつ））

生きていた時代（じだい）	

新第三紀中新世（しんだいさんきちゅうしんせい）～鮮新世（せんしんせい）

得意技（とくいわざ）・捕食方法（ほしょくほうほう）	

食いちぎり

危険度（きけんど）	

★★★

ドクター トミーの解説

哺乳類以外の動物の歯は、生きているかぎり生えかわるようになっている。だから、自動的にぬけおちた古い歯が化石となり、世界のあちこちで見つかるんだ。珍しいことに、埼玉県では1頭分の歯がそろって見つかり、埼玉県立自然の博物館に展示されているよ。

▲ メガロドンの歯の化石

7位

巨大クジラをも平然と食らう

クジラサイズの体

現在、大きいとされるホホジロザメでさえ8メートル級。メガロドンはその2倍近く大きかった。

れている。その歯で巨大なクジラさえ食いちぎったという。世界各地でみつかっている歯の化石は、日本では「天狗のつめ」、ヨーロッパでは「竜の舌」と呼ばれ、あがめられることもある。

そんなメガロドンも絶滅の危機をむかえる。気候の変化により生じた寒冷な海域に、主食のクジラがにげこんでしまい、エサを失ってしまったメガロドン。最強のハンターも寒さには勝てなかったようである。

食べることにどん欲な海のハンター
クシファクティヌス

クシファクティヌスは、その顔から“ブルドッグ・フィッシュ”と呼ばれている。かわいらしいあだ名だが、だまされてはいけない。サメにひっ敵するパワーをもち、食べることにどん欲なハンターなのだ。

パワフルなシッポとつばさのような胸ビレをもったクシファクティヌス。時速60キロで泳ぎ、その大きな口で巨大な魚さえも丸のみした。化石の胃にあたるところからは全長2メートル以上もある巨大な魚の化石が発見されることも少なくない。クシファクティヌスが生きていれば、人間なんて一口で丸のみされたにちがいない。

クシファクティヌスは群れて行動したという説もある。大群で押しよせてくる光景を想像するだけで背筋がゾッとする。

大きさ
全長 4.5 ～ 6 m

食 性
肉食
（大型魚類など）

生きていた時代
白亜紀後期

得意技・捕食方法
丸のみ

危険度
★★★

24

8位

サメにひっ敵するパワーと大きな口で獲物をおそう

獲物を丸のみする大きな口

大きな口と不規則に並んだ細かくするどい歯が武器。巨大魚ですら簡単に丸のみしたという。

ドクター トミーの解説

巨大なニシンのような姿のクシファクティヌス。のみこんだ巨大魚がおなかのなかでもがき、それが原因で死んだと思われる化石がみつかるから、とても食いしん坊だったんだろう。

▲ クシファクティヌスの化石

史上最大級の陸生動物

アルゼンチノサウルス

アルゼンチノサウルスは、地上に存在した動物のなかで最も体が重いとされる恐竜である。その巨体をいかして、高い木の葉や新芽などを食べていたといわれている。その体はあまりにも巨大ゆえ、走って敵からのがれることはできなかった。しかし、そこは巨大恐竜。歩幅はとてつもなく大きく、急げばそれなりのスピードが出せた。

そもそもおとなのアルゼンチノサウルスをたおせる肉食恐竜など存在しなかったのだ。生きていた場所はちがうが、かりにあのティラノサウルスがおそってきたとしても、尾でノックアウトしたか、簡単に踏みつぶしていただろう。アルゼンチノサウルスこそ、史上最強の陸生動物だった可能性が高いのだ。

史上最大の恐竜

体の一部の化石しか発見されていないが、そこから推定される全長は 30 ～ 40 メートル、体重は 100 トン近くになる。

大きさ
全長 30 m 以上

食性
植物食

生きていた時代
白亜紀後期

得意技・捕食方法
体重をかけて踏みつぶす・尾の一撃

危険度
★★★

9位

スーパー
ヘビー級王者（きゅうおうじゃ）は
向かうところ敵（てき）なし！

ドクタートミーの解説（かいせつ）

あらゆる陸生動物（りくせいどうぶつ）のなかで最大級（さいだいきゅう）だ。私（わたし）もアルゼンチンの発掘現場（はっくつげんば）に行った が、まだ全身（ぜんしん）がみつかっていないのに、掘（ほ）りだされたあとには巨大（きょだい）な穴（あな）が残（のこ）されていて、びっくりしたものだ。

▼ 人間との大きさ比較（ひかく）

170cm

地上を支配した鳥の王様

ディアトリマ

今からおよそ6600万年前、地上に君臨していた大型肉食恐竜が滅び、彼らに代わって地上を支配したのが恐鳥類といわれる恐竜と体型などがよく似た鳥の仲間だ。なかでも最強といわれるディアトリマは、北アメリカやヨーロッパに生息し、体つきなどはダチョウに似ていた。

ディアトリマは鳥類だが、つばさは退化し、飛べなかったようだ。だが、後ろあしは力強く、かなりのスピードで走れたようだ。するどいカギづめで獲物を押さえつけ、分厚いクチバシで攻撃したという。そのいっぽうで、ディアトリマは草食動物という説もある。そのクチバシでかたい木の実を割り、植物をついばんだりしたとみられている。いずれにせよ、肉食性哺乳類との争いに敗れ、衰退したと考えられている。

ドクタートミーの解説

ティラノサウルス絶滅直後の北アメリカで繁栄していた。でも鳥だから、歯や前あしのつめ、シッポはすでに退化していて、狩りの武器は少なかったのかもしれないね。

▲ ディアトリマの骨格

大きさ
体高 2.2 m

食性
肉食
（哺乳類・爬虫類）

生きていた時代
古第三紀暁新世〜始新世

得意技・捕食方法
クチバシでつつく

危険度
★★★

オノのようなクチバシで
獲物にダメージを
あたえる

大きなクチバシ

45センチもあった長
くて巨大なクチバシ。
オノのような形をし、
獲物をしとめるのに
役立った。

地球におとずれた
大規模絶滅「ビッグファイブ」

環境の変化や隕石衝突が
大量絶滅を引きおこす

　大量絶滅とは、多種類の生物が同じ時期に絶滅してしまうことだ。この大量絶滅が、地球では5回起きている。これらはまとめて「ビッグファイブ」とも呼ばれている。

　最初は約4億4400万年前のオルドビス紀末。第3章で登場する奇妙な形の生物が、多くこの時期に絶滅している。次にデボン紀後期、ペルム紀末にも海生生物が多く絶滅した。その後は地上で暮らす恐竜などが栄えたが、白亜紀末のとき、地球に隕石が衝突し、ふたたび大量絶滅してしまった。隕石は三畳紀末の絶滅にも関係しているらしい。現在では6回目の大量絶滅が起きているという。その原因は人類だ。森林伐採などで他の生物の生活圏を破壊し、絶滅の危機をむかえている種が数多くあるのだ。

	時期	原因	結果
1	オルドビス紀末	氷河の発達による海水準の変化など	**85%**が絶滅
2	デボン紀後期	寒冷化や海洋での酸素不足など	**82%**が絶滅
3	ペルム紀末	海岸線が後退し食物連鎖のバランスが崩れた	**95%**が絶滅
4	三畳紀末	火山活動による気温上昇が原因とする説と隕石落下説がある	**76%**が絶滅
5	白亜紀末	小惑星が地球に衝突し、地球規模で気温が低下	**70%**が絶滅

第2章

とにかくデカイ！
びっくり巨大生物大集合

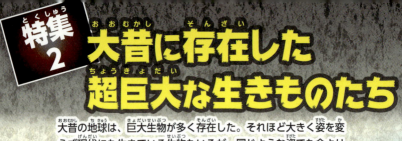

大昔に存在した超巨大な生きものたち

大昔の地球は、巨大生物が多く存在した。それほど大きく姿を変えず現代にも生きている生物もいるが、同じような姿でも今よりもはるかに大きな生物だったのだ。

バシロサウルス 54ページ

体長	**20 m**
生きていた時代	古第三紀始新世

ティタノボア 42ページ

推定全長	**12〜15 m**
生きていた時代	古第三紀暁新世

アンフィコエリアス 34 ページ

全長最大 60 m ?

生きていた時代 ジュラ紀後期

アノマロカリス 64 ページ

全長 0.4 ～ 2 m

生きていた時代 カンブリア紀前期～中期

ギガントピテクス 56 ページ

体高 2 ～ 3 m

生きていた時代

新第三紀中新世～
第四紀更新世

プルスサウルス 40 ページ

全長 11 ～ 13 m

生きていた時代 新第三紀中新世

なぞの多い史上最長の恐竜（しじょうさいちょう・きょうりゅう）

アンフィコエリアス

細（細長い首をもった巨大（きょだい）な植物食恐竜（しょくぶつしょくきょうりゅう）、アンフィコエリアス。現在（げんざい）の北アメリカで暮（く）らし、その長い首を掃除機（そうじき）のように使（つか）って、体をあまり動（うご）かさずに遠くの植物（しょくぶつ）を食べていた。

長（なが）いあしに筋肉質（きんにくしつ）な肩（かた）、それに驚（おどろ）くほど

アンフィコエリアスは2種類（しゅるい）存在（そんざい）していた

といわれる。アンフィコエリアス・フラギリムスとアルトゥス。なかでもフラギリムスは、生物（せいぶつ）の歴史（れきし）上、最（もっと）も大きな動物（どうぶつ）として知られている。1878年に発見（はっけん）された骨格（こっかく）は背骨（せぼね）の一部分（いちぶぶん）のみだが、それでも高さは240セ

ンチもあったという。この骨（ほね）から全長（ぜんちょう）約60メートルと推定（すいてい）された。

しかし、発掘（はっくつ）された骨（ほね）はすでに紛失（ふんしつ）、現在（げんざい）は発掘者（くっしゃ）自身（じしん）が描（か）いたスケッチしか残（のこ）っておらず、真（しん）相（そう）はなぞのままだ。

デカすぎる体（からだ）

2種類（しゅるい）のうち小さい方のアンフィコエリアス・アルトゥスでも全長（ぜんちょう）は25メートルほどあったという。

大（おお）きさ
全長最大（ぜんちょうさいだい）60ｍ？

食性（しょくせい）
植物食（しょくぶつしょく）
（低木（ていぼく）の葉（は）など）

生きていた時代（じだい）
ジュラ紀後期（きこうき）

得意技・捕食方法（とくいわざ・ほしょくほうほう）
掃除機（そうじき）のように遠くの食べ物（もの）をとる

危険度（きけんど）
★★★

34

長すぎる首

あまり体を動かさず広い
範囲の植物を食べられる
よう首が長くなったとい
う説が有力だ。

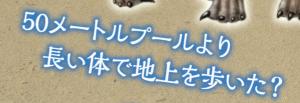

50メートルプールより
長い体で地上を歩いた？

ドクタートミーの解説

写真は発掘当時のスケッチをもとに
つくられた背骨の模型だ。この恐竜が
ほんとうに全長60メートルとすれば、
体重は120トン。シロナガスクジラに
ひっ敵する重さだね。

スピノサウルス

背中に巨大な帆をはった最大の肉食恐竜

ヒグマのようにがっしりした前あしとつめをもつスピノサウルスは、現在の北アフリカで暮らしていた。まず目につくのが背中にある帆のような突起物。オスがメスを誘う求愛的な役割や、体温調節の器官という説がある。くわしい働きはわかっていないが、

最大で1.8メートルの高さにもなった。次に頭へ目を移すと、ワニのような面長な顔立ちをしている。口にはするどい歯が並び、魚を上手にはさんでとらえていたのだろう。

第二次世界大戦の爆撃により、スピノサウルスの化石はすべて失われ、その生態はなぞに包まれていた。しかし、最近再発見された化石から、スピノサウルスが陸上より水中にいる時間が長い恐竜であったことがわかってきた。

大きさ
全長 15 ～ 17 m

食性
肉食（おもに魚類）

生きていた時代
白亜紀中期

得意技・捕食方法
かみちぎる

危険度
★★★

36

巨大な突起

スピノサウルスを象徴する背中の突起物。骨に皮ふと筋肉がかぶさって形成されている。

シャープな顔立ち

するどい歯をもつ細長い顔。化石からは魚のウロコがみつかっている。おもに魚を食べていたのだろうか。

立派な背中の帆で
猛アピール

ドクタートミーの解説

写真はスピノサウルスが最初に発見されたと考えられているサハラ砂漠の地層だ。私も最近、発掘に参加したんだ。戦争のせいでなぞに包まれていたその姿が、明らかにされつつあるぞ。

史上最大のつめをもつ恐竜

テリジノサウルス

長い首と腕、そして太いどう体をもつテリジノサウルスは、かつて巨大なカメのような動物だと思われていた。最初は前あしとつめの化石しかみつかっていなかったので、研究者たちは、70センチもある巨大なつめの化石をカメのものとかんちがいしたのだ。

このつめの使い方についてもさまざまな意見があった。オオアリクイのようにシロアリ塚を破かいしてシロアリを食べたという説もあれば、ヒグマのように魚をつかまえたという学者もいた。しかし、テリジノサウルスの仲間の体の化石がたくさん発見されたことでさまざまなことがわかってきている。現在は、ナマケモノのように、木の枝や果物をつかむのに利用したという説に落ちついている。

ふくらんだおなかと大きな体

体が大きかったテリジノサウルス。体は重く、動きはわりあいのろかったようだ。

大きさ
全長約 10 m

食性
植物食（木の葉や実、果物など）

生きていた時代
白亜紀後期

得意技・捕食方法
ひっかき

危険度
★ ☆ ☆

巨大なつめは なにに使われたのか

大きなつめ

芯だけで70センチもある巨大なつめ。生きていたときはさやにおおわれ、90センチにも達したが、がんじょうさにはかけた。

ドクター トミーの解説

写真はテリジノサウルスの前あしのつめの化石。するどいが、とてもうすっぺらくて、獲物をつかまえる役には立ちそうにない。草食動物であるナマケモノのつめを、巨大化させたような形だ。

大きな頭

発見された頭がい骨は1.5メートル。歯も10センチほどだった。

プルスサウルス

現在、地球上に存在するワニのなかで世界最大のものがイリエワニ。大きなものは全長9メートル近くにもなる。しかし、800万年前の南アメリカのアマゾン川には、イリエワニがかわいくみえるほどの巨大ワニがいた。その名はプルスサウルス。全身の骨格はまだみつかっていないが、頭骨は幅広でしっかりしたつくりになっている。また、大きな歯と強力なあごの力で、甲長2メートルもある巨大ガメのかたいこうらですらかみくだいたという。

プルスサウルスの体格は、巨大ワニと呼び声の高いディノスクスやサルコスクスにひっ敵するレベルで、さらに体が太く、重おもしかったとも推測されているが、定かではない。

大きさ
全長 11 〜 13 m

食性
肉食

生きていた時代
新第三紀中新世

得意技・捕食方法
かみくだき・尾の一撃

危険度
★★★

40

自動車もぺしゃんこ!!
陸上動物界最強のあご

ドクタートミーの解説

現在の動物界でかむ力が最強とされるのはワニで、ライオンの実に4倍近いといわれる。写真はプルスサウルスと同じくらい大きかった古代ワニ、デイノスクスの頭がい骨だ。

爬虫類（はちゅうるい）

最強（さいきょう）ヘビ

ティタノボア

ヘビは外温動物（がいおんどうぶつ）（まわりの環境（かんきょう）から体温（たいおん）をえる動物（どうぶつ））で、温暖（おんだん）な地域（ちいき）では大型（おおがた）化（か）し、寒冷（かんれい）なエリアでは小型化（こがたか）することが多い。

いっぱんに全長（ぜんちょう）が4〜5メートルあると、そのヘビは「大蛇（だいじゃ）」と呼（よ）ばれる。だが、今から6000万年前には、全長12〜15メートルにもなる「史上最強のヘビ（しじょうさいきょうのヘビ）」がいた。ティタノボアである。現在（げんざい）の南（みなみ）アメリカのアマゾンで暮（く）らし、ワニさえものみこんだといわれている。

ティタノボアは、約（やく）6600万年前に大型恐竜（おおがたきょうりゅう）が絶滅（ぜつめつ）した後、いっとき食物連鎖（しょくもつれんさ）の頂点（ちょうてん）に立った動物（どうぶつ）のひとつだ。

だが、かしこく素早（すばや）いさまざまな肉食獣（にくしょくじゅう）が進化（しんか）してくると、ついにはその座（ざ）をあけわたさざるをえなかったのだろう。

太くて長い体

大型観光バス（おおがたかんこう）1台分（だいぶん）ほどの長さがあったようだ。どう回りの長さも3メートル近くあったという。

大きさ
推定全長（すいていぜんちょう）12〜15m

食性（しょくせい）
肉食（にくしょく）

生きていた時代（じだい）
古第三紀暁新世（こだいさんきぎょうしんせい）

得意技（とくいわざ）・捕食方法（ほしょくほうほう）
しめ殺し・
丸のみ

危険度（きけんど）
★★★

体に熱をたもつ巨体

通常、体温調節が苦手なヘビだが、大蛇ともなると体に熱がこもりやすく、みかけよりも活発に活動できたろう。

巨大生物をしめ殺し、丸のみする

ドクタートミーの解説

写真は4000万年ほど昔の北アフリカで生きていたギガントフィスという大蛇の化石。推定全長10メートルをこえるが、ティタノボアの発見で大蛇ナンバーワンの座をあけわたすことになった。

ゆうゆうと泳ぐ史上最大のカメ

アーケロン

北アメリカ大陸の中央にあった内海に住み、史上最大のカメといわれるアーケロン。大きな前あしをもち、とても速く泳ぐことができたと考えられている。その一ぽうで泳ぐために大きくなったヒレは、こうらに収納できず、サメや大型の肉食爬虫類にかじられることも多かったことが、化石からわかっている。するどいクチバシのあるがんじょうなあごを使って、海藻をむしりとったり、アンモナイトの殻をかみくだいて中身を食べていたと考えられる。

アーケロンはその大きさのわりに軽く、体重は2トンほどと推定されている。こうらはとても軽量化され、表面はかたい板状のうろこではなく、ゴムに似た皮ふでおおわれていたと考えられている。アーケロンはカメらしからぬカメなのだ。

ドクター トミーの解説

現在最大のカメはオサガメといって、最大全長2.2メートル・体重1トン。漁船にぶつかれば大破させてしまうほどだが、それでもアーケロンにはとてもかなわない。

▲ アーケロンの骨格

大きさ
全長約4m

食性
雑食（海藻やクラゲ、アンモナイトなど）

生きていた時代
白亜紀後期

得意技・捕食方法
かみつき

危険度
★★☆

44

するどいクチバシと
タフなあごで
アンモナイトもかみくだく

巨大な前あし

化石が内海でしかみつかっていないため、遠洋を回遊する習性がなかったと考えられている。

パワフルなあご

カギ型に曲がっていた大きな口。アンモナイトなど、かたいものも押しつぶして食べたようだ。

45

空を飛ぶ史上最大級の翼竜

ケツァルコアトルス

巨大なつばさ

あまり羽ばたかず、空気の流れを利用してグライダーのように空を飛ぶことが多かった。

菜ばしのような細長いクチバシと、とさかが印象的なケツァルコアトルスは、これまでに存在した空を飛ぶ動物のなかで史上最大級である。背丈は3メートル近くあり、つばさを広げたときの横幅は10メートルをこえたという。キリンに小型飛行機のつばさをとりつけたような感じだろうか。また長い首をいかし、地上を歩いている小動物や水中にいる魚を空からおそったという。

これほど大きいケツァルコアトルスだが、体重は軽く、人間の成人男性とそれほど変わらないという説があるほどだ。そのおかげで、ティラノサウルスなどにおそわれても、少し助走をつけるか、数回力強く羽ばたくだけで、ふわっと離陸し、にげることができてきたと考えられている。

大きさ
翼幅約 10.5 m

食性
肉食
（小動物や魚貝類）

生きていた時代
白亜紀後期

得意技・捕食方法
急降下

危険度
★★☆

46

巨大なつばさと
長い首を使って
空中から獲物をねらう

軽い体

大きさの割に軽かった体
重は70キロ程度だったと
もいわれる。大人の男性
とそれほど変わらない。

ドクタートミーの解説

ケツァルコアトルスの骨格（写真）は、
まるで飛行機の専門家がデザインした
ようにむだがない。鳥よりも地上を走る
能力はおとったが、飛ぶ能力は、むし
ろ勝っていたといわれるほどだ。

アルゲンタヴィス

空を舞う史上最大のコンドル

いっぱんに、鳥は体重が20キロをこえると空を飛べないといわれている。だが、600万年前の南アメリカには体重70キロ以上もある巨大コンドルが大空を舞っていた。アルゲンタヴィスである。空を飛ぶ鳥類のなかでは史上最大といわれ、つばさを広げると7メートルをこえた。現在、空を飛ぶ鳥類のなかで最大級なのはワタリアホウドリだが、それでも3メートルほど。アルゲンタヴィスはその2倍以上、いかに大きいかがわかる。

気になる飛び方は、空気の流れを使ったグライダー飛行だった。またきゅう覚が発達し、上空からエサのにおいをかぎつけた。ただ、あしの力が弱く、エサを上空まで運べなかったようで、ハンターとしての能力は低かったという。

信じられない大きさのつばさ

鳥としては、飛行できる限界ぎりぎりといわれる巨大なつばさをもっていた。

大きさ
翼幅7〜8m

食性
肉食（くさった動物の肉など）

生きていた時代
新第三紀中新世

得意技・捕食方法
急降下・かぎ分け

危険度
★★☆

48

すぐれたきゅう覚で
上空から獲物を探す

ドクター トミーの解説

写真はアルゲンタヴィスの親せきで、その北アメリカ版ともいえるテラトルニス。翼幅4メートルでアルゲンタヴィスよりも小さいが、わずか1万1000年前まで生きのこっていたというから驚きだ。

空を飛べない重量級の鳥

ドロモルニス

重く大きい体

成長すると体高3メートル、体重220キロにもなった。

空を飛べない鳥、ドロモルニス。これまで地球上で発見されてきた鳥のなかで最も重いといわれている。

カモに近い仲間であるドロモルニスは、今のオーストラリアの広びろとした森林地帯で暮らしていたようだ。果物や木の実を好み、

かたい実はオウムに似たくちばしでくだきながら食べたという。

ドロモルニスが絶滅した原因ははっきりとはわかっていないが、ゆるやかな寒冷化により地上が乾燥し、少しずつ食物がなくなっていったという説が有力である。

なお、ドロモルニスに近い仲間の鳥ゲニオルニスは、小型だったため環境の変化に適応し、ドロモルニスよりも長く生きのびることができた。

大きさ
体高約3ｍ

食性
植物食（木の実や果実など）

生きていた時代
新第三紀中新世〜鮮新世

得意技・捕食方法
かみくだき

危険度
★★☆

50

曲がったクチバシ

オウムに似たクチバシで
かたい実をくだいて食べ
ていたようだ。

オウムに似た
クチバシで
かたい木の実をたたき割る

ドクター トミーの解説

　オーストラリアは大昔に他の陸地か
ら切りはなされ、動物たちは独自の進化
をとげてきた。ドロモルニスのように、
みなれない姿のものも多いけれど、能
力がおとっているわけではないんだよ。

史上最大の陸上哺乳類

パラケラテリウム

史（し）は、史上最大の陸上哺乳類パラケラテリウムで、角はないがサイの仲間で、家族単位で暮らしたとみられている。また化石はユーラシア大陸の広いエリアからみつかっている。

パラケラテリウムは巨体だったがあしは細くて長く、走るのもかなり速かったようだ。

また首が長く、キリンのように高いところにある木の葉を食べることができた。そして食べる量がすごい。その量、なんと1日200キロ。これはゾウの10倍もの食事量である。あまりの量なので1日20時間も食事に費やしていたという説もある。

だが、気候が寒冷化し、草木が減ってくると、パラケラテリウムは食べる量を確保できなくなっていく。こうして地上から姿を消していったのだ。

巨大な体
成長すると体長9メートル、体重20トン近くになることもあった。

大きさ
体高約7m

食性
植物食（木の葉）

生きていた時代
古第三紀漸新世

得意技・捕食方法
ダッシュ

危険度
★★☆

52

底なしの胃袋で、木の葉を食べまくる

ドクター トミーの解説

写真はゴビ砂漠にある研究所が保管しているパラケラテリウムの首や後ろあしの化石と、それを見に来た地元の人たち。世界のどこへ行っても、やっぱり巨大生物は人気者だね。

古第三紀最大の原始クジラ
バシロサウルス

哺乳類の時代と呼ばれる古第三紀で、最も大きな動物バシロサウルス。初期のクジラの仲間で、暖かい海に広く生息していた。ギリシャ語でトカゲを意味する「サウルス」がついたのは、最初に化石がみつかったとき、巨大なトカゲと間違われたからだ。

バシロサウルスと今のクジラを比べると進化の過程がみてとれる。現在のクジラは水面で呼吸をしやすいよう頭頂部に鼻があるが、バシロサウルスは頭部の前方と少しびみょうなところにあった。現在のほとんどのクジラとちがって首を少しだけ曲げることもでき、細長い体には後ろあしがあり、指も3本生えていた。細長い体をうねらせながら海中を泳いでいたが、現在のクジラのように深い海にもぐる能力はなかった。

大きさ
体長 20 m

食性
肉食（魚やイカ、他の小さなクジラなど）

生きていた時代
古第三紀始新世

得意技・捕食方法
首を少し曲げる

危険度
★★★

54

どう体と尾を上下に
くねらせながら海中を泳ぐ！！

海ヘビのような細長い体

細長い体には指のある後ろあし
とオール状の前あしがあった。
体をくねらせながら泳いだ。

ドクタートミーの解説

ウナギのようにどう体をくねらせて泳
ぎ、瞬間的にはスピードが出たと思う。
けれど、すぐつかれて長く泳ぎつづける
のは苦手だったろう。化石がみつかる
場所も浅い海だったところばかりだ。

▲ バシロサウルスの骨格

ギガントピテクス

ギガントピテクスは「史上最大の霊長類」といわれ、みた目は現存するゴリラにも似ているが、体重は3倍近くあったようだ。中国南部と東南アジアの亜熱帯森林に住んだ。

ギガントピテクスの化石は歯と下あごしかみつかっておらず、くわしいことはわかっていない。しかし最近、ギガントピテクスが絶滅した原因について新たな説が発表された。それによると、今からおよそ10万年前に気候が変わり、多くの森林がサバンナの草原になったという。住む環境がちがえば、とれる食べ物も変わる。しかし、ギガントピテクスは新たな環境になじめず、草などの植物を食べることができなかった。親類のオランウータンはなんとか生きのこれたが、ギガントピテクスは食料不足を乗りきるには大きすぎた。

ドクタートミーの解説（かいせつ）

人類（じんるい）からみればオランウータンよりは近く、ゴリラよりも遠い関係（かんけい）のギガントピテクス。北京原人（ぺきんげんじん）などの古代人（こだいじん）と同じ時代（じだい）・場所（ばしょ）でも暮（く）らしていたことがわかっているよ。

▲ オランウータン

大きさ
体高2～3m

食性（しょくせい）
植物食（しょくぶつしょく）（果物（くだもの）など）

生きていた時代（じだい）
新第三紀中新世（しんだいさんきちゅうしんせい）～第四紀更新世（だいよんきこうしんせい）

得意技・捕食方法（とくいわざ・ほしょくほうほう）
握力（あくりょく）
（1000kg以上（いじょう））

危険度（きけんど）
★★☆

大きな下あご

人間の2倍以上ある下あご。この化石から背の高さ3メートル、体重500キロ前後だったと考えられている。

大きな体をゆらしながら
森林地帯をかっ歩する

57

短気（たんき）で攻撃的（こうげきてき）な悪魔（あくま）のカエル

ベールゼブフォ

悪（あく）魔（ま）のカエルと呼（よ）ばれているベールゼブフォは史上最大（しじょうさいだい）かつ最恐（さいきょう）のカエルだ。ボーリングのボールくらいの大きさで、体つきも丸形（まるがた）だった。アフリカ大陸（たいりく）の東にあるマダガスカル島（とう）で暮（く）らしていた。

ベールゼブフォはペットで人気のツノガエルと血（けつ）えん的に近い関係（かんけい）にある。性格（せいかく）も似ていて、気が短く攻撃的（こうげきてき）だったとみられている。

また食（す）べることが大好（だい）きだったベールゼブフォ。獲物（えもの）が目の前を通（とお）りがかるのをずっと待（ま）ちつづけ、ほとんどすべての動物（どうぶつ）に食（く）らいついたとみられている。大きな口と強いあご

を使（つか）い、生まれたばかりの恐竜（きょうりゅう）の子どもまで口にしたという。子を守ろうとする恐竜（きょうりゅう）の親もベールゼブフォには手を焼（や）いていたにちがいない。

大きさ（やく）
体長約40cm

食性（しょくせい）
肉食（恐竜（きょうりゅう）の子どももふくむ）

生きていた時代（じだい）
白亜紀後期（はくあきこうき）

得意技（とくいわざ）・捕食方法（ほしょくほうほう）
待（ま）ちぶせ

危険度（きけんど）
★☆☆

強いあごと歯

恐竜の子どもなど、
自分より大きい獲
物にも食らいつい
ていたようだ。

大きな口とタフなあごで
恐竜の子どもまで食らう

ドクタートミーの解説

写真はペットとして人気のベルツノガ
エル。南アメリカ原産なのに、遠くはな
れたマダガスカルにいたベールゼブフ
ォに近いといわれる。7000万年も生き
のこってきた親せきなのかな。

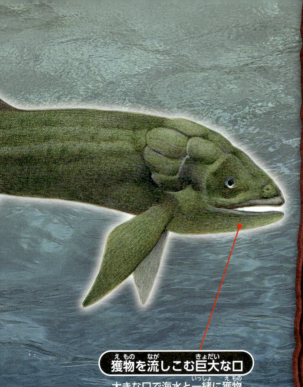

リードシクティス

優しすぎた史上最大級の魚

獲物を流しこむ巨大な口

大きな口で海水と一緒に獲物を流しこんでいたようだ。

史上最大級の魚リードシクティスは、最大27メートルまで成長すると思われていた。だが、さまざまな骨や化石が調査され、これまで研究が不十分だった近縁種の骨格も分せきされた結果、リードシクティスは、そこまで大きくはなく、最大でも17メートルほどと推定された。

大きさ
全長最大 16.8 m

食性
肉食（プランクトン・小魚など）

生きていた時代
ジュラ紀中期

得意技・捕食方法
大口で吸いこむ

危険度
★★☆

ドクター トミーの解説

　メトリオリンクスは、リードシクティスをかじったことで有名な海ワニの一種だ。写真はメトリオリンクスに近い種類でゲオサウルスという。これら海ワニは、鎧が退化してなめらかなはだをもち、手足やシッポがヒレ状に変化して、ワニというよりもまるでイルカのような姿をしていたよ。

巨大な口を開けて獲物を流しこむ！！

　リードシクティスは温厚な性格だと考えられている。プランクトンや小魚を主食としたが、食べるというよりは、大きな口を開けて海水を流しこんだらエサが入っていたというほうが、イメージ的には合っているだろう。

　ただ、その巨大な体をもってしても、リオプレウロドン（12ページ）やメトリオリンクスといった凶暴な海のハンターからはおそれられた。性格がおだやかすぎて、身を守るのも大変だったようだ。

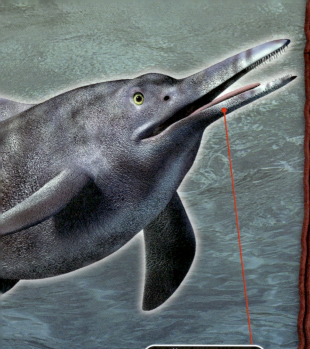

ユニークな魚竜（ぎょりゅう）

ショニサウルス

歯（は）のないあご

かまなくても食べられる
プランクトンを主食（しゅしょく）とし
ていたようだ。

中竜（ちゅうせいだい）生代に繁栄（はんえい）した魚（ぎょ）竜は、魚の仲間（なかま）ではなく、爬虫類（はちゅうるい）のグループに入る。イルカのような体形とするどい歯（は）が、その特（とく）ちょうだ。しかし、ショニサウルスは、同じ魚竜（ぎょりゅう）でも、他（ほか）とはずいぶんちがっている。

まずその体は、魚竜（ぎょりゅう）によくみられる細長い流線（りゅうせん）形（けい）というよりは、丸まる

大きさ
全長（ぜんちょう）15～21 m

食性（しょくせい）
肉食（プランクトンや小魚）

生きていた時代（じだい）
三畳紀後期（さんじょうきこうき）

得意技・捕食方法（とくいわざ・ほしょくほうほう）
シッポでのはたきこみ

危険度（きけんど）
★★☆

ドクタートミーの解説

ダイオウイカは現在の地球で最大の目玉をもつが、ショニサウルスの目玉はそれをはるかにしのぐ大きさだった。1000メートルをこす深海でも、はっきりみえたかもしれない。でも、目玉が大きすぎると水圧でつぶれてしまう。だから大部分は皮ふがかぶさり、守られていただろう。

つばさのように巨大なヒレで海中を優雅に泳ぐ！！

巨大な4本のヒレ

4本のヒレは、大きさがほぼ同じで、3メートルもあった。

として太く、巨大なヒレは大きさがほぼ同じだった。またショニサウルスの子どもはするどい歯をもち、アンモナイトなどを食べていたが、成長するにつれ、歯は失われていき、小さな動物を食べるように変わった。そんなショニサウルスは体の大きさもけた外れだった。魚竜の平均全長が3メートル前後なのに対して、最大で21メートルにまで成長することもあり、「史上最大級の魚竜」としても知られている。

不思議な姿をした最強モンスター

アノマロカリス

アノマロカリスはカンブリア紀の最強モンスターで、とても不思議な姿をしていた。目は頭から飛びだし、体の両側からつきだしたたくさんのヒレで海中を泳いでいた。

また、頭の先にある、トゲのついた2本の触手で獲物を押さえこみ、リング状の口でほおばった。この口は獲物をのがさないよう二重構造になっていて、外側の口が開けば、おくの口が閉じるようになっていたという。アノマロカリスにつかまったら最後、獲物は死を待つしかなかったのだ。

これまでアノマロカリスの仲間はカンブリア紀に滅んだと考えられてきた。だが、最近、新たな化石が発見され、子孫はカンブリア紀から8000万年近くたったデボン紀前期まで生きていたことがわかったのだ。

ドクタートミーの解説

写真は中国・雲南省で発見された化石。最近、アノマロカリスはかむ力が弱かったという説が出された。脱皮したての三葉虫をねらっていたのかもね。

奇蝦
Anomalocaris saron

大きさ
全長 0.4～2 m

食性
肉食（三葉虫やぜん虫類）

生きていた時代
カンブリア紀前期～中期

得意技・捕食方法
ホールド

危険度
★★☆

トゲのある触手とリング状の口で獲物を押さえこむ

大きな触手

獲物が逃げださないように、触手にはトゲがついていた。

二重構造になった口

リング状の口には、32枚の歯が重なりあっていた。

節足動物

アースロプレウラ

迫力のある史上最大のヤスデ

平べったい体をしたアースロプレウラは、史上最大級のヤスデで、現在の北アメリカやイギリスの森林で暮らしていた。

見た目がおぞましく、タフなあごをもっていたアースロプレウラだったが、植物食だったと考えられている。また体はとても重く、体重は500キロ近くあったようだ。地面をはったあとの化石が各地でみつかっていて、大きいもので幅は45センチにもなる。

そんな巨大なアースロプレウラも環境の変化に順応できなかったようだ。石炭紀の終わりごろから乾燥化が進み、シダなどの巨木が減ったことで空気中の酸素が薄くなりはじめたのだ。十分な酸素を体に取りいれることができなくなり、ついに絶滅したと考えられている。

大きさ
全長最大 2.3 m

食性
植物食

生きていた時代
石炭紀前期〜
ペルム紀前期

得意技・捕食方法
はいまわる

危険度
★ ☆ ☆

66

500キロ近くの巨体で
地面をはいまわる

たくさんある体節とあし

28個あったといわれているアースロプレウラの体節。100本以上のあしがあったことになる。

ドクタートミーの解説

体が長すぎるせいか、一部がちぎれた化石ばかりみつかり、全身そろったものはない。キャタピラが通ったようなはいあとの化石もみつかっているので、よほど重い動物だったのは確かだ。

▲ アースロプレウラの体の化石

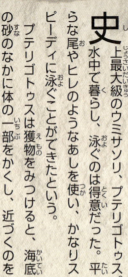

ヒレのように大きなあし

パドル（カヌーをこぐ道具）のような形をしたあし。これで海底を歩いたり、泳いだりしていた。

史（し）上最大級（じょうさいだいきゅう）のウミサソリ、プテリゴトゥス。水中（すいちゅう）で暮（く）らし、泳（およ）ぐのは得意（とくい）だった。平（たい）らな尾（お）やヒレのようなあしを使（つか）い、かなりスピーディに泳（およ）ぐことができたという。

プテリゴトゥスは獲物（えもの）をみつけると、海底（かいてい）の砂（すな）のなかに体（からだ）の一部（いちぶ）をかくし、近（ちか）づくのを

じっと待（ま）ちつづけた。そしてチャンスがくるやいなや、自慢（じまん）のハサミでおそいかかったという。ただ、このハサミはもろく、力（ちから）も弱（よわ）かったので、ウミウシのようなやわらかい動物（どうぶつ）ばかりをねらったと考（かんが）えられている。また、くさってやわらかくなった動物（どうぶつ）の死（し）がいも食（た）べていたようだ。

ウミサソリ類（るい）は世界各（せかいかく）地（ち）の海（うみ）に勢力（せいりょく）をのばしていったが、巨大（きょだい）な魚類（ぎょるい）の出現（しゅつげん）とともに、その力（ちから）を失（うしな）っていくことになる。

大きさ
全長（ぜんちょう） 1.6 ～ 2 m

食性（しょくせい）
肉食（にくしょく）（三葉虫（さんようちゅう）など）

生（い）きていた時代（じだい）
シルル紀前期（きぜんき）～
デボン紀後期（きこうき）

得意技（とくいわざ）・捕食方法（ほしょくほうほう）
身（み）をかくす

危険度（きけんど）
★☆☆

みかけだおしだった！？
大きなハサミ

大きなハサミ

ハサミにはするどいギ
ザギザがあり、やわら
かい獲物を切りきざむ
のに適していた。

ドクター
トミーの解説

プテリゴトゥスは昆虫やエビ・カニの
ような外骨格をもつ動物としては最大
級だ。これらの動物は関節を動かす筋
肉をつけるスペースが少ないので、体
が大きいと動けなくなってしまうのだ。

▲ プテリゴトゥスのハサミの化石

節足動物

毒針をもつ最凶ハンター
ブロントスコルピオ

最凶のサソリと呼ばれるブロントスコルピオ。今のサソリとみた目はほとんど変わらないが、けたちがいに大きく、現在のイギリスあたりに生息していた。化石はハサミの一部分しかみつかってないが、ブロントスコルピオにはこのハサミの他

にもうひとつ強力な武器があったとみられている。それが毒針だ。推定7センチのハサミで、獲物の動きをとめ、毒針でさす。これだけで獲物はイチコロだったろう。

ブロントスコルピオは現在のサソリに比べると、乾燥に弱かった。また、その大きな体は陸上を歩くのに重すぎたため、おもに水中で暮らしたと考えられている。陸上にいるときも、水辺から遠くはなれることはなかっただろう。

巨大な体

たまに陸上にあがるていどで、ふだんは海か河口で暮らしたという。

大きさ
全長約94cm

食性
肉食

生きていた時代
シルル紀後期

得意技・捕食方法
毒針でさす

危険度
★★★

70

巨大なハサミで
獲物の動きをとめる！！

強力な武器

毒針と7センチにもなるハサミは、獲物にとって恐ろしい武器だった。

ドクタートミーの解説

写真はノルウェーで発見されたミクソプテルスだ。ブロントスコルピオに近い仲間ではないものの、シッポに毒針のようなものがあったり、たまには陸にあがるなど、姿や暮らし方がよく似ていた。

節足動物

史上最大の空飛ぶ昆虫

メガネウラ

生物の歴史で、初めて空を自由に飛んだのは昆虫である。なかでも「史上最大の空飛ぶ昆虫」がメガネウラだ。現在のフランスやアメリカなど広い地域に生息した。トンボに近い仲間のメガネウラは、見た目も今のトンボとほとんど変わらない。だ

が、羽を広げるとカラスほどの大きさがあった。

しかし、メガネウラは飛ぶのが下手だったようだ。ホバリング（空中で停止するような飛び方）はできず、空気の流れを利用したグライダー飛行で、ゆっくり獲物に近づき、後ろからおそっていたと考えられている。

石炭紀の終わりごろから空気中の酸素が薄くなりはじめると、このような巨大昆虫は、酸素が足りなくなり、絶滅したと考えられている。

大きさ
羽の幅約 70 cm

食性
肉食（他の昆虫）

生きていた時代
石炭紀後期

得意技・捕食方法
あしでつかまえて
かみつき

危険度
★ ☆ ☆

72

大きな羽で空を グライダー飛行！！

開くと70センチの羽

現在、世界で一番大きいトンボは16センチ前後。メガネウラはその4倍近く大きかったことになる。

ドクタートミーの解説

写真のパレオディクティオプテラは、メガネウラと同じ時代の巨大昆虫。羽のさしわたしが55センチにもなり、なんと羽が6枚もある。昆虫の羽が最初から4枚ではなかった貴重な証拠だ。

カメロケラス

オルドビス紀最大の軟体動物

巨大な殻（きょだい な から）

真っすぐのびた殻は10メートルに達することもあったという。

獲物をつかまえた触手（えもの を つかまえた しょくしゅ）

たくさんの触手を使って獲物をつかまえていたようだ。

陸（りく）上にまだ大きな動物がいなかったオルドビス紀に、海のなかで最も大きかった動物がカメロケラスだ。アンモナイトやイカ、タコの祖先にあたるオウムガイの仲間（頭足類）である。

カメロケラスの大部分をしめる殻は三角帽子のように真っすぐのびていたようだ。なかには液体

大きさ

全長最大11ｍ（ぜんちょうさいだい）

食性（しょくせい）

肉食（魚類や三葉虫など）（にくしょく（ぎょるいやさんようちゅうなど））

生きていた時代（いきていたじだい）

オルドビス紀中期

得意技・捕食方法（とくいわざ・ほしょくほうほう）

待ちぶせ（まちぶせ）

危険度（きけんど）

★★★

74

ドクタートミーの解説

写真はカメロケラスに近い種類で、どちらも直角貝と呼ばれ、タコやイカの親せきにあたる軟体動物だ。口にはカラストンビと呼ばれる強力なくちばしがあった。イカにかまれると泣きそうなほど痛いから、巨大なカメロケラスにかまれることを想像するとゾッとさせられるね。

とんがり帽子をかぶり
獲物をじっと待つ！！

の入った小さい部屋がいくつもあり、その液体の量を調整して、ういたり、しずんだりしていたといわれている。また深海を泳いだカメロケラス。目はあまりみえていなかったようだが、獲物が近づくのを静かに待ち、チャンスとみるや、触手でつかまえたという。

カメロケラスは絶滅したといわれるが、「生きた化石」と呼ばれるオウムガイのように、今も海の中でひっそり生きていたらおもしろい。

先カンブリア時代最大級の生物

ディッキンソニア

左右にのびる節

中央には1本の線があり、その線から左右にのびた節のようなものがあった。

大きさ
全長約1.2 m

食性
不明

生きていた時代
先カンブリア時代

得意技・捕食方法
海底をはう・潮に流される

危険度
★☆☆

先カンブリア時代、エディアカラ紀の生物の体のほとんどは、やわらかかった。ディッキンソニアは、この時代最大級の生物だ。オーストラリアやロシアなどの海中で暮らしていた。

ディッキンソニアは、大きいもので1・2メートルにもなったが、厚さは3ミリほどと、とにかく平

76

ドクター トミーの解説

化石をかたどった複製をレプリカという。ディッキンソニアのレプリカをつくるときほどてこずったことはない。ほぼ厚みがないので、うっすらとしたりんかくしか残らないのだ。このほとんど筋肉もない体で4.5メートルも動いたあとが見つかっているが、どうやって動いたのだろう。

わらじのような姿で海底をただよう

べったく薄かった。口はなく、光合成、あるいは海水から直接栄養を吸収していたと考えられている。また暖かく、水深が浅い海を好み、海底をはうように移動したか、ゆっくり海流に流されていたとみられている。最近では陸上の岩などに張りついていたとする説も出され、注目を集めている。

ただ、ディッキンソニアが、現在の動物と関わりがあるのか、まったく異なった生物なのか、その正体はなぞである。

古代から現在まで生きる「生きた化石」たち

恐竜とも同じ時期をすごした生物界の大先輩

　「生きた化石」という言葉を聞いたことがあるだろうか。これは、大昔の時代に生きていたその生きものの祖先と変わらない姿で今も生きている生物の呼び名だ。大昔の化石とそっくりな姿をしているので、このような呼ばれ方をしている。

　当初は化石しかみつかっていなかったシーラカンスが、その後100年近くもたってから、生きた姿で発見された。また、ゾウのようにかつては仲間がたくさんいたが、現在少数しか生きのこっていない生物も、生きた化石の例とされている。実は身近なところにも生きた化石はいる。それはゴキブリだ。彼らは3億年前から生きる大先輩なのだ。人類が絶滅してもゴキブリだけは生きのこるだろうともいわれている。

（写真）発見されたとき世間をにぎわせたシーラカンスはデボン紀、ムカシトカゲはジュラ紀、サソリモドキは石炭紀ごろの化石と、現在の姿がそっくりだ。

▲ シーラカンス

▲ ムカシトカゲ

▲ サソリモドキ

第3章

ヘンな形の
古代珍生物大集合

こんな生物が地球にいた！

この章では、カンブリア紀のおもしろい形をした生物はもちろん、いろいろな時代の、へんてこモンスターたちを紹介しよう。

ブラシのような触角をもつ

マルレラ 126ページ

必殺技 かき集め

マジックハンドのようなハサミ

オパビニア 132ページ

必殺技 先たんのハサミで獲物をつかまえる

背中の長いトゲが特徴

ハルキゲニア 140ページ

必殺技 トゲでさす

全部で3つの目をもつ

ゴティカリス 134ページ

必殺技 あしのトゲでキャッチ

80

ハリエステス 146ページ

必殺技　体液を吸う

まるであしの長いイモムシ

アイシェアイア 148ページ

必殺技　？？

トゲの殻をもつ

チュゾイア 136ページ

必殺技　トゲで武装

多様な生物が誕生した「カンブリア爆発」とは？

　5億4100万年 ～ 4億8540万年前に、古生代カンブリア紀という時代があった。この時代に、現代の動物の先祖にあたるものがほとんど出そろった。この現象をカンブリア爆発と呼ぶ。

　ある学者は、このころ、生物が初めてはっきりみえる目をもち、それによって、獲物をおそうための大きな口やハサミ、追跡するための足などを進化させたといっている。そして、小さく弱い生物も、おそわれないために目を発達させ、食べられないように殻やトゲを進化させていったというのだ。

　生物の進化は「食うか食われるか」、その闘いによって発展していったのだ。

コウモリのようなつばさをもつ恐竜

イー

つめのようなするどい突起物

全長13センチにもなる突起物。かさの骨みたいにつばさを支えたようだ。

羽毛でおおわれた体

1.5センチの羽毛で体はおおわれていた。色は黒からグレーだったといわれている。

つばさにまくがはった恐竜は、なかなかみつかっていなかった。中国で発見されたイーは、そうしたつばさをもつ恐竜である。これまで、イーと骨格の似た恐竜化石は知られていたが、まくの部分はみつかっていない。イーの発見は、これらが新しいタイプの恐竜

ということを明らかにしたのだ。

イーはハトほどの大きさで体重も軽く、歯も小さかった。特に目をひくのが、前あしの手首あたりからつき出た細長いつめのようなもの。つばさを支える役目をはたしていたらしい。

イーが羽ばたいて飛べたかどうかはわからないが、モモンガのような飛行はできたようだ。

イーの発見は、恐竜が鳥類へ進化する過程で、いろいろな実験が行われていたことを物語っている。

前あしの手首から
のびたつめで
まくがはったつばさを支える

ドクタートミーの解説

化石では飛膜の形はわからなかったが、発見者の徐星先生が骨格をさまざまな飛ぶ動物と比べてみたところ、同じ爬虫類の翼竜よりも、コウモリに似ているとわかったんだ。

▲ オオコウモリ

恐竜類

ミクロラプトル

光沢の羽毛をもった最古の恐竜

小型恐竜のミクロラプトルは変わった姿をしていた。カラス程度の大きさだったが、短い後ろあしと長くのびた前あし、それぞれにつばさをもち、長い尾には羽毛がはえていた。木の上で生活し、4枚のつばさを使い、グライダーのように木の間を移動した。それ

後ろあしにはえたつばさ

飛ぶ方向を変えたり、スピードを速めたりするのに役立っていたようだ。

だけではなく、前あしのつばさで多少は羽ばたき飛行もできたと考えられている。また後ろあしにあるつばさのおかげで、速く飛ぶことができ、姿勢を安定させたり、急に方向を変えたりすることもできたという。

さらにミクロラプトルは光沢の羽毛をもつ最古の恐竜といわれ、青い光沢のある黒色のつばさは日光を反射して輝いていたようだ。強さと美しさをかねそなえた恐竜だったのだ。

大きさ
全長 90 cm

食性
肉食
（昆虫・トカゲなど）

生きていた時代
白亜紀前期

得意技・捕食方法
わしづかみ・丸のみ

危険度
★☆☆

84

後ろあしのつばさで
飛行スピードを
アップさせる

輝く羽毛

日光を反射して
玉虫色に輝いて
みえたという。

ドクター
トミーの解説

ミクロラプトルの化石の発見により、
鳥の先祖に近い恐竜が、もともとは後
ろあしにも翼をもっていたことがわかっ
た。飛行機が、複葉機の時代をへて単
葉機になったのとよく似ているね。

▲ 羽毛が残ったミクロラプトルの化石

シャロヴィプテリクス

滑空し、空飛ぶ奇妙な生物

長い後ろあしと短い前あし、かなりアンバランスな姿をしたシャロヴィプテリクスは、モモンガのように滑空する爬虫類である。翼竜の祖先に近いと考えられ、中央アジアの現キルギス共和国あたりで暮らしていた。

木の上で生活したシャロヴィプテリクスは、後ろあしの大きなまく（飛膜）を広げ、空気の流れを利用して枝から枝へと移動したとみられている。シャロヴィプテリクスの飛ぶ姿は、まるで紙飛行機のようで、かなりユーモラスだったにちがいない。

これまでにも飛膜をはって空を飛ぶ動物はたくさんあらわれたが、後ろあしの飛膜をメインに飛行する動物はシャロヴィプテリクスだけである。爬虫類のなかで〝オンリーワン〟な存在なのだ。

大きさ
全長約 20 cm

食性
肉食（昆虫など）

生きていた時代
三畳紀中期

得意技・捕食方法
滑空飛行・つばさを広げておどす

危険度
★☆☆

86

優雅に空を飛ぶ姿は、まるで紙飛行機!!

空気をキャッチする
後ろあしの飛膜

体重が約7.5グラムと軽く、大きな飛膜で空気を受けたので50メートル〜100メートルは飛べただろう。

ドクタートミーの解説

ふだんは立ちあがって二足歩行をしていたと思うが、つばさはじゃまにならなかったのだろうか。滑空するときも、あまりあしを開くと、股の関節が痛くなりそうで心配である。

長すぎる首をもつ爬虫類

タニストロフェウス

体全体の3分の2を首がしめるタニストロフェウス。脊椎動物の歴史のなかで、体に対して首が最も長い動物である。ただ長さのわりに首の骨の数は少なく、左右に少し動かす程度しかできなかったという。現在のヨーロッパから中国にまでおよぶ広い地域で暮らしたタニストロフェウス。幼体のころは首が短く、陸上で昆虫などを食べていた。昔は、首が長くなった後も、陸上から水中に首を入れて魚を食べていたと思われていた。しかし、その変わった体形と、後ろあしに水かきがあることから、今ではおもに水中で生活を送ったと考えられている。またタニストロフェウスは危険な目にあうとトカゲのように長い尾を切り、再生させることもできた。

泳ぎはおそかった

長い尾をもっていたが、泳ぐのはそれほど速くはなかったようだ。

大きさ
全長約6m

食性
肉食（魚・昆虫）

生きていた時代
三畳紀中期

得意技・捕食方法
シッポを切ってにげる

危険度
★☆☆

88

チャームポイントは長い首。
でも曲がらない！！

全長の3分の2をしめる首

首の骨は今の生きものだとキリン
と似ている。首は左右に曲げるく
らいしかできなかったという。

ドクタートミーの解説

しずおかけん　　イズー
静岡県のiZooは、海に住む大きなト
しゃしん
カゲ、ウミイグアナ（写真）がみられる
どうぶつえん
日本でただひとつの動物園だ。タニスト
もの
ロフェウスと食べる物はちがうが、暮ら
かんきょう　およ　かた　　　　　に
す環境や泳ぎ方はよく似ていたと思うよ。

ロンギスクアマ

背中の板で空飛ぶ爬虫類

毛のはえたトカゲのような姿をしたロンギスクアマ。体の大きさに似合わず、背中には長い板のような突起物がのびていた。爬虫類のなかでも、恐竜や翼竜、ワニなどの共通祖先に近いと考えられている。

またロンギスクアマは木の上で生活し、背中の突起をバドミントンのシャトルや羽根つきの羽根のように使い、枝から枝へとふんわりと滑空していたようだ。口には小さくするどい歯が並び、おもに昆虫を食べていたという。

ロンギスクアマの背中の突起物は、鳥類のつばさのように前あしの羽毛が変化したのではなく、うろこが変化したものと考えられている。その一方で、原始的な羽毛であるともいわれ、いまだに詳しいことはわかっていない。

ドクタートミーの解説

写真のエリマキトカゲはえりまきを使って、敵をおどしたり、仲間にアピールしたり、体を温めたりする。ロンギスクアマの突起も、こんな風に使われていただろうね。

大きさ
全長 15 cm

食性
肉食
（昆虫など）

生きていた時代
三畳紀中期〜後期

得意技・捕食方法
滑空

危険度
★☆☆

90

便利な長い板

背中の板は7〜10数枚。滑空の他にも、仲間に自分の存在をアピールするために使った。

背中の長い板を使って
枝から枝へ滑空する

ブサかわいい爬虫類（はちゅうるい）

ヒペロダペドン

曲（ま）がった突起物（とっきぶつ）

上あごと下あごの先にはキバのような突起物があったが、これはクチバシが変化（へんか）したものだ。

間（あいだ）のぬけた顔がかわいらしいヒペロダペドンは、キバのような突起物（とっきぶつ）をもった爬虫類（はちゅうるい）だ。ほほがこけたように口の内側（うちがわ）に入っていたので、上からだと頭が三角形にみえたという。

当時、地球（ちきゅう）の大陸（たいりく）は「パンゲア」と呼ばれるひとつのかたまりだったので、ヒペロダペドンは現在（げんざい）の

大きさ
全長（ぜんちょう）約 1.3 m

食性（しょくせい）
植物食（しょくぶつしょく）

生きていた時代（じだい）
三畳紀（さんじょうき）後期（こうき）

得意技（とくいわざ）・捕食方法（ほしょくほうほう）
かみつく

危険度（きけんど）
★☆☆

92

ドクタートミーの解説

ヒペロダペドンは恐竜やワニの先祖にかなり近い爬虫類だ。トカゲなどとちがって、手あしを体のかなり真下に近いところにのばして歩くことができた。世界中で暮らしていただけでなく、場所によっては、化石のみつかる動物の40%以上をしめるくらいたくさんいたんだよ。

▲ ヒペロダペドンの化石

強力なあごで
かたい植物でさえ
簡単にすりつぶす

南北アメリカ大陸やヨーロッパなど、かなり広い地域で暮らしていた。

ヒペロダペドンはかむ力がとても強かったようだ。キバのような突起物で植物の葉をむしり取り、すりつぶすように食べたといわれている。

ヒペロダペドンは肉食動物から狙われていたようで、最古の獣脚類のひとつヘレラサウルスのろっ骨あたりの化石からは、エサとなったヒペロダペドンの幼体の化石がみつかっている。

アルマジロスクス

アルマジロそっくりのワニ

アルマジロスクスはワニとアルマジロをあわせたような姿をしている。ワニの仲間だが、姿や生態はアルマジロに似ていた。

まずは姿。頭と尾はワニのようにみえるが、背中はちがう。ワニの背面のこうらは板のような骨が一枚一枚並んでいるだけだが、アルマジロスクスのこうらはこれらが一体化し、とてもがんじょうになっていた。

次に食事。ふつうワニは獲物の肉を引きちぎる。アルマジロスクスは下あごを前後に動かし、かたいものもすりつぶすように食べた。また高温で乾燥した地域に生息していたので、前あしでほった巣穴に入り、強い日差しから体の乾燥をふせいでいたようだ。かたいこうらと穴ほり能力は、敵から身を守るのにも役立ったはずだ。

大きさ
全長約2m

食性
雑食

生きていた時代
白亜紀後期

得意技・捕食方法
穴ほり

危険度
★☆☆

94

パワフルな前あしを使って穴をほる!!

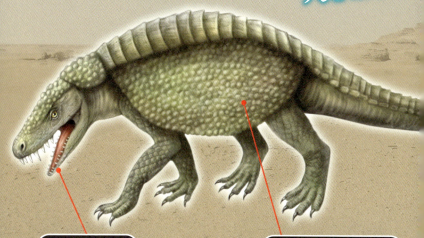

強力なあご

下あごを動かし、植物や動物の肉をすりつぶして食べた。体重は120キロもあったという。

こうらでおおわれた体

かたいこうらで敵から身を守った。顔はワニにしては短かった。

ドクタートミーの解説

今のワニは水辺の肉食動物だが、かつてはさまざまな姿のワニが、海から砂漠まで、いろいろな環境に暮らしていた。写真は、ロトサウルスという三畳紀のワニ類。植物食だったんだ。

あしが4本あるヘビ

テトラポドフィス

4本のあしがあるヘビ、ヘビ全体の祖先、そう呼ばれているのがテトラポドフィスだ。かつて南半球にあったゴンドワナ大陸の乾燥した低木地帯で暮らしていたようだ。

テトラポドフィスの手あしは小さかったが、そのなかには手首やひじ、そして指まであった。歩くのには短すぎるので、獲物をおさえこんだり、交尾中の相手につかまったりするために使われていたと考えられている。またテトラポドフィスは、するどい歯と大きく開いた口をあわせもち、内臓からは丸のみしたと思われるトカゲの骨がみつかっている。

ヘビはトカゲと近い関係にあるが、どんな種類のトカゲから、なぜ進化したかについてはなぞが多かった。テトラポドフィスはその手がかりになる存在として期待されている。

ドクター トミーの解説

原始的なヘビのテトラポドフィスは、前と後ろにあしがあったが、写真のヘビの化石は1億1000万年ほど前のもので、前あしはなくなっている。

大きさ
全長20cm以上

食性
肉食（トカゲ・カエルなど）

生きていた時代
白亜紀前期

得意技・捕食方法
かみついた後、どう体でしめあげる

危険度
★☆☆

96

これがトカゲからヘビへ
進化する途中の姿か!?

歩くのには向いていないあし

1センチほどしかなかった手あ
し。短すぎて歩くのにはあまり
役立たなかったようだ。

獲物を丸のみする口

大きく開いたあごを使って獲物
を丸のみしたといわれている。
口にはするどい歯をもっていた。

空を飛べないステルス爆撃機

シネミス・ガメラ

シネミス・ガメラは変わった姿をしている古代のカメ。

こうらの後ろの一部が外にのび、つばさのような形になっていて、水中で体を安定させる役割があったという。

シネミス・ガメラの化石は、中国の内モンゴルで発掘されている。初期のカメは頭をこうらにかくせず、外に出たままだったが、シネミス・ガメラは首を内側に引っこめることができた。こうしたことも現在のカメに近い特ちょうだ。

このガメラという名前だが、日本の特撮映画「大怪獣ガメラ」シリーズに登場する架空の怪獣ガメラにあやかって名づけられたという。こうらの形状から「ステルス爆撃機ガメ」という名で呼ばれることもある。シネミス・ガメラはカメなので空を飛ぶことはできないが……。

ドクタートミーの解説

人をかんだり、他の野生動物を食べてしまうことがあるカミツキガメ（写真）。シネミス・ガメラも頭や体のつくりが似ているから、気の荒い動物だったのかもしれない。

大きさ
甲長約20cm

食性
雑食

生きていた時代
白亜紀前期

得意技・捕食方法
水中遊泳・かみつき

危険度
★☆☆

98

左右に広がったこうら

左右に張りだしたこうらは水中を泳ぐときに体を安定させるのに役立ったといわれている。

つばさのようなこうらで
バランスを取りながら泳ぐ

哺乳類の親せき

顔から5本の角がはえている巨獣

エステメノスクス

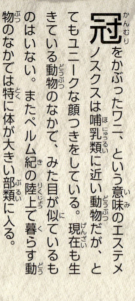

大きな頭と短い尾

大きな頭は65センチもあり、ずんぐりとした体に、尾も短く、スタイルはあまり良くなかった。

冠をかぶったワニ、という意味のエステメノスクスは哺乳類に近い動物だが、とてもユニークな顔つきをしている。現在も生きている動物のなかで、みた目が似ているものはいない。またペルム紀の陸上で暮らす動物のなかでは特に体が大きい部類に入る。

エステメノスクスの顔には5本の角があり、鼻の上にあるものが最もするどい。なかでもエステメノスクスのオスは、目の上とほほに大きな角をもち、武器というよりはメスへのアピールとして使われていたとみられている。

ただ体つきのバランスから、エステメノスクスは動きがにぶかったと思われ、水辺にあるやわらかい植物、あるいはふ葉土を好み、群れで暮らしていたともいわれている。

大きさ
全長約3m

食性
植物食

生きていた時代
ペルム紀中期

得意技・捕食方法
角を使ったアピール・頭つき

危険度
★★☆

大きな角

目の上から出た角はメス
に求愛するためのアピー
ルポイントだったようだ。

鬼のような顔つきで
敵をいかくする‼

ドクター トミーの解説

哺乳類の先祖にかなり近い。皮ふの
化石から、毛や汗腺をもっていたことが
わかる。顔にはネコのようにひげがあり、
母親はカモノハシのように皮ふからしみ
でる乳で子育てをしただろう。

シャベルのようなキバをもつゾウ

プラティベロドン

パワフルな下あごで植物を根元からほりおこす

シャベルのようなキバ

木をたおしたり、土をほりおこしたりするのに役立ったようだ。

ゾウと聞くと、ほとんどの人が長い鼻をイメージするだろう。だがプラティベロドンをみると、下あごに目がいってしまう。大きくて平らなキバをもつあごはとても印象的だ。そのキバがシャベルに似ていることから、"シャベルキバゾウ"とも呼ばれている。アジア各地に生息して

大きさ
体長約3m

食性
植物食（木の葉・水草）

生きていた時代
新第三紀中新世

得意技・捕食方法
木を切りたおす

危険度
★★☆

102

ドクタートミーの解説

写真はエジプトでみつかったゴンフォテリウムの化石だ。プラティベロドンの祖先に近いゾウの仲間で、あまり長くはないがプラティベロドンと同じように、あごの上下にキバ状の歯をもっていた。日本でもゴンフォテリウムの化石はみつかっており、岐阜県などで発掘されたよ。

いたとみられているプラティベロドンは、しめった草原を好んだといわれている。下あごのキバを使って木を切りたおし、植物も根っこからほりおこした。

しかし、現在のゾウのように鼻先を器用に使うことはできず、食事の方法は限られていたので、種族としての生存期間は短かった。他のゾウのように器用な鼻先が進化していれば、プラティベロドンはもっと長く繁栄したかもしれない。

キリンの祖先といわれる獣

プロリビテリウム

プロリビテリウムは最も原始的なキリンの仲間だ。現在のキリンの一種であるオカピに角をつけたようなみた目をしている。今の北アフリカや南西アジアで暮らし、木や茂みから葉をむしり取り、かみくだいて食べたという。

プロリビテリウムのトレードマークといえば、幅広い角だろう。現在のキリンやオカピとちがい、平べったく葉っぱのような形をしていた。この角をもつのはオスだけで、メスの角は細くてするどかった。オスの角は見た目のアピールだけではなく、オス同士の頭のぶつけあいにも使われていたようだ。

プロリビテリウムなどの首の短い原始的なキリンは、気候が変わって森林が少なくなり、乾燥したサバンナが広がっていくと、少しずつ減っていったと考えられている。

ドクタートミーの解説

オスがするどい角をもつ動物は多いけど、プロリビテリウムはちがった。トナカイのように、メスが角をふりかざして乱暴なオスから子どもを守ったのかもしれないね。

▼ 人間との大きさ比較

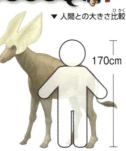

170cm

大きさ
体長 1.8 m

食性
植物食

生きていた時代
新第三紀中新世

得意技・捕食方法
角を押しつける

危険度
★★☆

104

角でライバルと
激しくぶつかりあう

木の葉の形をした角

幅35センチにもなった幅
の広い角。オス同士の争い
では大切な武器になったよ
うだ。

巨大な角をもつ怪獣

アルシノイテリウム

巨大な角とそのたたずまいから、アルシノイテリウムはサイの仲間だと思われやすい。しかし、同じ哺乳類の仲間でもゾウやジュゴンなどに近い。熱帯雨林やマングローブ林など、温暖でしめった環境を好んだ。

アルシノイテリウムの特ちょうは大きくて太い角にある。骨でできた角は表面が皮ふでおおわれ、その下には多くの血管もあった。根元のあたりから二手に分かれ、真正面からは〝Vの字〟のようにみえたという。

ただ動物の歴史からみると、アルシノイテリウムが、種として繁栄していた期間は短く、今から約2700万年前には絶滅している。地球環境の寒冷化や乾燥化が原因と考えられているが、はっきりしたことはわかっていない。

大きさ
体長約3m

食性
植物食

生きていた時代
古第三紀始新世〜漸新世

得意技・捕食方法
角によるつき

危険度
★★☆

106

"Vの字"のような角で相手をつく！

巨大な角
根元から分かれていると
ても大きくて太い角。こ
の角で敵から身を守って
いたのだろう。

ドクタートミーの解説

角と巨体が恐ろしいけど、歯に注目し
てほしい。同じような大きさの歯がたく
さん生えていて、これが哺乳類のなか
でも、とりわけ原始的な種族であること
をしめしているんだ。

▲ アルシノイテリウムの骨格

プラティヒストリクス

砂漠で日なたぼっこするスーパー両生類

アメリカのテキサス州で化石がみつかったプラティヒストリクスは、背中にヨットの帆のような突起があった。帆の重要な役割は体温調節器官としての働きだ。帆にはたくさん血管が走っており、寒いときは太陽にかざし、効率よく体温を上げることができた。

この動物が住んでいたのは砂漠のようなところ。皮ふがうすく、乾燥に弱い、カエルのようなふつうの両生類だったら、あっというまに干からびてミイラ化するはずだ。

ところがプラティヒストリクスの背中やわき腹はかたい鎧でおおわれていた。これは敵から身を守るだけでなく、乾燥対策にも効果があったろう。照りつける太陽のもと両生類の限界にいどんだ、まさに両生類のスーパースターだった。

がんじょうな手あし
獲物をみつけると、しっかりとした足どりですばやく走り、するどい歯の生えた大きな口で丸のみした。

大きさ
全長約1m

食性
肉食（小動物）

生きていた時代
ペルム紀前期

得意技・捕食方法
かたい帆と装甲で身を守る・かみつき

危険度
★ ☆ ☆

背中の帆で体を温め、すばやく動く

ドクター トミーの解説

写真は哺乳類の祖先に近いディメトロドンの化石で、プラティヒストリクスを食べていたと考えられている。プラティヒストリクスの帆は、すばやくにげるために発達したのかもね。

109

ブーメラン頭が大人の証し

ディプロカウルス

ブーメランのような三角形の頭をしたディプロカウルスは、カエルやサンショウウオなどの両生類の仲間だ。目が上を向き、手あしも短いことから陸上での生活には向かず、一生のほとんどを川や湖ですごしたという。ペルム紀には、おもしろい姿をした生物がたくさんいたといわれているが、ディプロカウルスもそのひとつだ。

どうしても気になるブーメラン形の頭だが、その使い道についてはまだなぞが多い。ただ生まれたときから三角形の頭だったわけではない。成長するにつれ、少しずつ左右に広がり、平たい頭がブーメランのようになったという。

大人の証しであるブーメラン形の頭。ディプロカウルスの子どもたちは、憧れたにちがいない。

大きさ
全長約1m

食性
肉食
（水生昆虫や小魚など）

生きていた時代
ペルム紀前期～後期

得意技・捕食方法
いきなり下から
おそいかかる

危険度
★☆☆

110

水の底から急にうかび上がり、獲物に食いつく

ブーメラン形の頭

頭の形の理由は「魚にのみこまれにくくする」説や「仲間への目印」説、「泳ぐときに役立った」説などがある。

ドクター トミーの解説

ブーメランのような頭をいきおいよく横にふれば、おそってくる肉食動物にダメージをあたえただろうし、どろをほって、ミミズや水生昆虫をとっていたかもしれない。

▲ ディプロカウルスの頭がい骨

111

ゲロトラックス

ぺちゃんこな体のカエル!?

とぼけた顔で
のんびりと水底に横たわる

大活躍の口（だいかつやく）
大きく開くことのできた口。獲物をとらえたり、水底のどろをほったりするときに使ったのだろう。

まん丸の目がかわいらしいゲロトラックスは、カエルと同じ両生類だ。頭も体も平らでのっぺりとした姿だが、皮ふには小さな骨がうまっていて、触るとゴツゴツしてかたかったようだ。

ゲロトラックスは、今のドイツやスウェーデンといったヨーロッパの北部で暮らしていた。手あ部で暮らしていた。手あ

大きさ
全長約1m

食性
肉食（小魚や水生昆虫、他の両生類など）

生きていた時代
三畳紀中期〜後期

得意技・捕食方法
水底に横たわる

危険度
★☆☆

112

ドクター トミーの解説

写真はゲロトラックスに近い大型の両生類の頭がい骨で、全長は２メートルをこえたと考えられている。これらの両生類たちは、みかけこそまぬけだが、ワニのように強い力をもち、オオサンショウウオのように寒さにもたえることのできる、水中のハンターだったのだろう。

外に飛びだしていたエラ

呼吸をするのに必要なエラは外に飛びだしていた。また、胸部には大きな板状の骨をもっていた。

しは短く、大人になっても３対のエラがむきだしになっていたので、上陸できず、一生を水中ですごした。川や湖の底に横たわるか、どろのなかにもぐって生活していたという。また大きく開けることのできた口は、エサをとったり、水の底にあるどろをほりだしたりするのに役立ったようだ。

他にも特ちょうはあるが、それ以上にとぼけた顔に目がいってしまう、かわいらしい生きものがゲロトラックスなのだ。

113

魚類（ぎょるい）

ドリアスピス

ギザギザしたドリルでエサを探（さが）す原始的（げんしてき）な魚

デボン紀（き）は「魚類（ぎょるい）の黄金時代（おうごんじだい）」と呼（よ）ばれ、さまざまな魚の種（しゅ）が進化（しんか）をとげた。ドリアスピスはどちらかといえば原始的（げんしてき）な魚の仲間（なかま）である。ノルウェー近海（きんかい）で暮（く）らし、つばさのような2枚（まい）のヒレでバランスを取（と）りながら、海中を元気よく泳（およ）いでいたようだ。

大きなヒレと頭の先のでっぱりがユニークなドリアスピス。頭の先にあるドリルのような突起（とっき）は、ノコギリの歯（は）のようにギザギザしている。これは獲物（えもの）を殺（ころ）すための武器（ぶき）にみえるが、実際（じっさい）はちがう。おもに海底（かいてい）のどろや砂（すな）をほり起（お）こし、エサを探（さが）すのに使（つか）われていたと考えられている。またドリアスピスにはあごがなかったので、かたい生きものを食べることはできず、突起（とっき）の上にある小さな口から食べ物（もの）を吸（す）いこんだ。

写真（しゃしん）はドリアスピスに近い種類（しゅるい）の魚の化石（かせき）。「甲冑魚（かっちゅうぎょ）」と呼（よ）ばれるこの魚たちの鎧（よろい）のような部分（ぶぶん）は、おしっこのような排泄物（はいせつぶつ）でできていると考えられている。

大きさ
全長約（ぜんちょうやく）15 cm

食性（しょくせい）
雑食（ざっしょく）（プランクトンや海底（かいてい）の微生物（びせいぶつ））

生きていた時代（じだい）
デボン紀前期（きぜんき）

得意技（とくいわざ）・捕食方法（ほしょくほうほう）
突起（とっき）でたたく

危険度（きけんど）
★☆☆

114

鎧のような体
よろい

小さな骨がいくつも組みあわ
ほね
さってできている、まるで鎧
よろい
のような体。大きさは15セ
ンチほどで、人間のてのひら
にんげん
くらいだった。

ノコギリ状の歯をひっさげ
じょう   は
海中を気ままに泳ぐ
およ

ちょんまげをもったサメ

ファルカトゥス

サメの時代（じだい）と呼（よ）ばれる石炭紀（せきたんき）には、さまざまなタイプのサメがいた。ファルカトゥスもその一種（いっしゅ）である。アメリカの海で暮（く）らし、さまざまな生きものを食べていたようだ。

頭の後ろにある〝ちょんまげ〟のようなヒレは、ファルカトゥスのオスにしかない。メ

スがこのヒレをくわえている化石（かせき）がみつかっているので、繁殖（はんしょく）のために使われたのは確（たし）かだ。

これまでファルカトゥスは、ペルム紀（き）末（まつ）の「史上最大（しじょうさいだい）の大絶滅（だいぜつめつ）」で滅（ほろ）んだと思われていた。しかし、新たな化石（かせき）から、ペルム紀から1億7000万年先（おく）の「恐竜（きょうりゅう）の時代（じだい）」にも、このサメの子孫（しそん）が生きていたことがわかっている。

環境（かんきょう）にあわせて好（す）き嫌（きら）いをせず、いろんなエサを食べたのが長生きのひけつだったようだ。

大きさ
全長（ぜんちょう）25 〜 30 cm

食性（しょくせい）
肉食（小魚や無脊椎（むせきつい）動物（どうぶつ））

生きていた時代（じだい）
石炭紀前期（せきたんきぜんき）

得意技（とくいわざ）・捕食（ほしょく）方法（ほうほう）
かみつき・好（す）き嫌（きら）いをしない

危険度（きけんど）
★ ☆ ☆

ちょんまげ形のヒレは
オスの証し!!

2本のおちんちん

腹ビレの後ろには2本のお
ちんちんがつきだしていた。

ドクタートミーの解説

他の魚とちがい、サメなど板鰓類の
オスには写真のように大きなおちんち
んが、しかも2本も体の外につきでてい
る。だから、ファルカトゥスのちょんま
げがオスの証しだとすぐにわかったのだ。

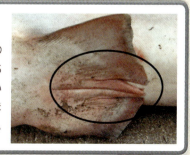

丸っこいヘンな形のサメ

ベラントセア

大きくて筋肉質なヒレは素早い動きを可能にしただろう。

うろこはほとんど退化して、表面はつるんとしていた。見た目は現在のカエルアンコウやダンゴウオと似ていただろう。

ギンザメの仲間であるベラントセアは、丸っこい体形がユニークで、現在のアメリカ大陸近海で暮らしていた。

ベラントセアは独特の歯をもっていた。上あごと下あごには7本の歯があるだけだったが、あごの力は強く、歯も分厚い包丁のようになっていた。このパワフルなあごを使って、カイメン動物や、かたい殻の貝類を食べていたという。

また尾が小さかったベラントセア。動きがにぶく、海底をはうようにゆっくりと泳いでいたと考えられている。しかし、ヒレは筋肉質で大きく、"ここぞ"というときの動きはスピーディだったとみられている。力の出しどころを知っているサメだったのだろう。

大きさ
全長約 70 cm

食性
肉食（カイメンや貝類）

生きていた時代
石炭紀前期

得意技・捕食方法
かみくだく

危険度
★☆☆

分厚い歯とあごの力で
かたい獲物をかみくだく

ドクタートミーの解説

　強力な歯をもつベラントセアは、その遠い遠い親せきのネコザメと似たような暮らしをしていたのだろう。ネコザメは泳ぎこそ速くはないが、「サザエワリ」と呼ばれるほど歯とかむ力が強いよ。

119

海をただようオタマジャクシか？

デルフィオドントス

ギンザメという、サメの遠い親せきの魚がいる。頭が大きく、体が短く、全部のヒレが頭から生えたようにみえるので「全頭類」とも呼ばれている。

約3億5000万年前、アメリカの海にいたデルフィオドントスは、ヒレが退化して、ほんとうに頭だけのような姿のギンザメだ。細長いシッポをくねらせ、かろうじて泳げたと考えられている。まるでオタマジャクシが海のなかをただよっているみたいだったろうが、歯はとてもがんじょうで、するどかった。

デルフィオドントスの赤ちゃんは母親の体内にいるとき、このするどい歯で兄弟姉妹と共食いをして、勝ちのこったものだけが生まれていたらしい。みかけによらず、タフな魚なのだ。

大きさ
全長約11cm

食性
雑食（貝や節足動物、海藻など）

生きていた時代
石炭紀前期

得意技・捕食方法
するどい歯でかみつく

危険度
★☆☆

120

いやし系のルックス
なのに兄弟げんか

するどい歯
この歯は、今のホホジロザメの
ように、母親の体内で共食いを
するときにも使われただろう。

ドクター トミーの解説

とても変わった形は写真のようなオ
タマジャクシに似ている。オタマジャ
クシはカエルの子（幼生）だから、デ
ルフィオドントスが、もっと大きな魚
の幼生だった可能性もすてきれない。

竜（りゅう）のような角をもつ魚

ハーパゴフツトア

やわらかい体をしたハーパゴフツトアは、サメの遠い親せきであるギンザメの仲間（なか）だ。北アメリカの海で暮（く）らし、体をくねらせながら海中を泳（およ）いでいた。

オスには竜（りゅう）のような細長い角があったが、メスにはなかった。この角には『メスのア

ピール』や『メスの体を押（お）さえつける』といった役割（やくわり）があったと考えられている。いずれにせよこの角は、子孫（しそん）を残（のこ）すことに関（かか）わりがあったとみられている。

石炭紀（せきたんき）はデボン紀（き）に絶滅（ぜつめつ）した魚たちに代（か）わり、サメやギンザメの仲間（なかま）が進化（しんか）した時代（じだい）でもある。この時代（じだい）には、ハーパゴフツトアのようにおもしろい姿（すがた）をした生物（ぶつ）がたくさんいる。ぜひ、お気に入りの一体をみつけてほしい。

大きさ
全長（ぜんちょう） 10〜18 cm

食性（しょくせい）
肉食
（貝類（かいるい）や節足動物（せっそくどうぶつ））

生きていた時代（じだい）
石炭紀前期（せきたんきぜんき）

得意技（とくいわざ）・捕食方法（ほしょくほうほう）
角（つの）を使ったアピール

危険度（きけんど）
★☆☆

122

細長い角

オスのみにあった竜のような角。
メスはこの角をみながらオスを選
別していたのだろうか。

くねくねの体

うなぎのような体はしな
やかで、うろこはなく、
とてもやわらかかった。

夢の国からやってきたような
幻想的な姿

ドクター トミーの解説

　ハーパゴフツトアは竜のような姿をしているけ
ど、これはギンザメの一種だ。ほんもののサメは、
ふつう5対のエラ穴が開いているけれど、写真の
ギンザメのエラはエラぶた（丸のついた部分）で
おおわれているよ。

ナメクジ姿の魚類が
人類の祖先だった……！？

歴史を変えた最古の魚類

ミロクンミンギア

大きさ
全長2.8cm

食性
おそらく雑食（プランクトンや海中のちり）

生きていた時代
カンブリア紀前期

得意技・捕食方法
吸いこみ

危険度
★☆☆

地球上にはじめて姿をあらわした魚類、それがミロクンミンギアだ。ヤツメウナギなどの遠い親せきで、ナメクジのような姿をしている。現在の中国近海で暮らし、数百匹の群れで行動したともいわれている。

ミロクンミンギアにはうろこもあごもないが、原始的な脊椎をそなえて

ドクター
トミーの解説

写真のまんなかにいるのはヌタウナギ。目がだいぶ退化していること以外はミロクンミンギアと体のしくみがほとんど変わらない「生きた化石」だ。みんながよく知っているウナギとちがって、あごがなく、かたい骨もないから、イカのようにあぶってそのまま食べることができるよ。

シンプルな体

現在の多くの魚とちがい、うろこもあごもない体だったという。

いた。そのため、人間をふくめた脊椎動物の直接の祖先に近い生物と考えられている。

かつて魚類はオルドビス紀（カンブリア紀の次の時代）に誕生したと思われていた。しかし、ミロクンミンギアの化石が発見されたことで、そのれまでの学説にさまざまな変化をもたらしている。

ミロクンミンギアは、みた目はたよりないが、生物の進化の歴史を変えたものすごい魚類なのだ。

ブラシ状の触角で
海底にあるエサをかき集める

なぞのレインボーカラー

マルレラ

カラフルなトゲ

CDやDVDの裏面と同じように触角
には細かいみぞがあった。そこに光が
反射し、にじ色に輝いていたようだ。

にじ色に輝くトゲが
特ちょう的なマル
レラは、体からいろいろ
なものが飛びだしている。
たくさんの細長いあしが
レースのようにみえるこ
とから、発見者のウォル
コット博士は「レースガ
ニ」とも呼んだ。今のカ
ナダや中国近海で暮らし
ていたという。

もちろん、むだに体か

大きさ		
全長約 2.5 cm		

食性		
雑食（微生物や生き
ものの死がい）		

生きていた時代		
カンブリア紀中期		

得意技・捕食方法		
かき集め		

危険度		
★☆☆		

ドクター トミーの解説

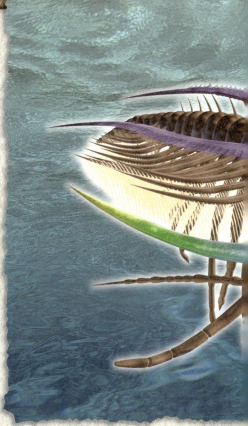

カンブリア紀の動物を
いちやく有名にしたのは、
1909年にカナダのバージ
ェスという山の近くで化石
が発見されたことがきっか
けだ。ここで最も化石が
多くみつかったのがマルレ
ラ。写真の三葉虫は古生代
にだけ存在した節足動物だ
が、マルレラはその祖先に
近いと考えられている。

らいろいろなものが飛び
だしていたわけではない。
それぞれに役割があった
ようだ。まず、たくさん
あるあしとエラは、海中
を泳ぎ、海底を散策する
のに便利だったろう。
　触角は2対あったが、
そのうちの1対の先たん
はブラシ状になっていて、
エサをとるのにとても役
立った。海底にいる小さ
なエサを探しだし、ブラ
シの力で一気に口のなか
にかき集めることができ
た。まるで海底を歩く"ぼ
うき"のようである。

節足動物

海のなかに住んでいた昆虫の先祖!?

ウィンゲルスィリクス

ウィンゲルスィリクスはドイツの4億500万年前の地層から化石が発見された節足動物だ。デボノヘキサポ ウスという仲間も存在したが、よく調べたら同じものだとわかり、ウィンゲルスィリクスに統一された。

どちらにしてもずいぶん長い名前だが、その体もずいぶん細長く、まるでムカデのよう。しかしムカデとちがって、この動物は海で暮らしていた。さらにムカデの体は同じ節がたくさんくり返されているが、ウィンゲルスィリクスの体は頭・胸・腹のパーツにわかれている。その頭には大きな目（複眼）があり、胸には長い6本のあしが生えていた。そう、昆虫と同じである。ウィンゲルスィリクスは昆虫の先祖である可能性が最も高い生きものとして注目を集めているのだ。

ドクタートミーの解説

みた目はムカデやヤスデなどの多足類に似ているが、ウィンゲルスィリクスはミジンコなどの甲殻類から昆虫へと進化するとちゅうの生きものかもしれないね。

▼ 人間の手と大きさ比較

大きさ
全長約 7.5 cm

食性
不明（おそらく雑食）

生きていた時代
デボン紀前期

得意技・捕食方法
細長い体で巻きつく

危険度
★☆☆

128

顔は昆虫、
体はムカデみたい

よく使う6本のあし

頭や腹にもたくさんの
あしがあったが、これ
らをすて、体をコンパ
クトに進化させて昆虫
が誕生したといわれる。

まさに泳ぐ目玉!!
コンヴェキシカリス

まるでイヤホンのような姿をしたコンヴェキシカリス。ひとつしかない目がむきだしになっていて、とてもインパクトが強い。コンヴェキシカリスを一度でもみたら、なかなか忘れることはできないだろう。

そんなコンヴェキシカリスは、エビと同じように全身が殻でおおわれていた。今の北アメリカの河口あたりに住み、するどくとがった6本のあしでエサをおさえつけ、おなかをみたしていたという。

コンヴェキシカリスは甲殻類のなかでも「嚢頭類」と呼ばれる原始的なグループの一員だ。嚢頭類は中生代まで栄えたが、白亜紀末期には絶滅している。みんなおもしろい形をしていたのに、残念。

ドクタートミーの解説

写真のミジンコをけんび鏡で正面から見ると、コンヴェキシカリスに似ていて、まるで妖怪ひとつ目小僧のよう。複眼なので、目はひとつでなくいっぱいあるのだが……。

©2011 Watanabe

大きさ
全長約2cm

食性
肉食（動物プランクトンなど）

生きていた時代
石炭紀後期

得意技・捕食方法
押さえこみ

危険度
★★☆

大きな目

トンボなどの昆虫と同じで、複眼（多数の小さな目が集まってできた目）になっていたと考えられている。

飛びだした目が
海中をゆらゆらと泳ぐ

131

獲物（えもの）をのがさぬマジックハンド

オパビニア

空（くう）想（そう）の世界（せかい）にいる生きものを絵にしたような オパビニア。5つもある目（複眼（ふくがん））と頭からのびたノズル（つつ）がユニークだ。オパビニアは目の数も多いが、あしの数も多く、ムカデのようになっていた。現在（げんざい）のカナダ周辺（しゅうへん）の海で暮らし、ヒレにはエラをもっている。ふだんはやわらかいどろの上などをはいまわり、気が向いたら水中を泳（およ）ぐ、そんな生活スタイルだったといわれている。

そしてひときわ目をひく長いノズル。マジックハンドのような役割（やくわり）をしていたといわれ、ふたつに分かれた先たんには、痛そうなトゲがたくさんついていた。オパビニアは、このハサミで獲物（えもの）をはさんだら、そのまま口へ運ぶ（はこ）のである。そう、まるでゾウの鼻（はな）のように。

大きさ
全長約8cm

食性（しょくせい）
小さな動物（どうぶつ）

生きていた時代（じだい）
カンブリア紀中期（きちゅうき）

得意技（とくいわざ）・捕食方法（ほしょくほうほう）
先たんのハサミで獲物（もの）をつかまえる

危険度（きけんど）
★☆☆☆

132

強力なハサミでつかんだら
決して離さない！！

なぞの多い生態

5つの目や多数のヒレをもつなど、なぞの多い生物だが、有名なアノマロカリスに似ている。

頭からのびたノズル

ノズルの先たんはハサミのようになっている。このノズルを使って、獲物をつかまえたという。

ドクタートミーの解説

　一見すると、他に類のないほどきみょうな形をした生きものに思える。ただしヒレや頭はアノマロカリス（64ページ）によく似ていて、両者が親せきだったとみなす学者が多くなっている。

3つ目のモンスター

ゴティカリス

ゴート族（古代ゲルマン人の一部族）のエビという意味のゴティカリスは、現在のスウェーデンあたりの海で暮らしていた節足動物だ。とにかくみた目が個性的で、頭の先にある大きなものは、鼻のようにみえるが、実はこれ……目。では、その後ろにある、マ目）だった。これら2つの単眼は光の明るさを感知することくらいしかできなかっただろう。

それにしてもゴティカリスをみていると、先たんの目からなにかが飛びだしてきそうである。

ラカスのような形をした丸いものはというと、これも……目。この後ろの目は対になっており、全部あわせると3つの目をもっていた。

大きな目は複眼であったが、後ろにある小さな2つの目は単眼（レンズが1つしかない

大きさ	
全長約 2.5 mm	

食 性	
雑食（プランクトンなど）	

生きていた時代	
カンブリア紀中期	

得意技・捕食方法	
あしのトゲでキャッチ	

危険度	
★☆☆	

3つの目

先にある大きな目は複眼。その後ろに2つの目をもち、単眼だった。

大きな目と小さな目をもつ
カンブリアモンスター

ドクタートミーの解説

写真のハエトリグモは8個の目をもち、正面の2個だけがカラーで見える。これで獲物を探し、他の6個で、敵が来ないかみはる。ゴティカリスの目も、それぞれべつの役目をしたのかもね。

トゲの殻をもったカンブリアモンスター

チュゾイア

チュゾイアは耳たぶからトゲがはえたような姿の節足動物だ。上部と側面をトゲで守り、頭と尾の先はとがっていたようだ。丸のみしようとする肉食動物からしたらたまったものではない。現在の北アメリカ、東ヨーロッパ、中国と広い地域で暮らした。

チュゾイアの化石は世界各地で発掘されているが、殻以外のことはほとんどわかっていなかった。しかし、最近オーストラリアで発見された節足動物の目の化石が、チュゾイアのものである可能性があるという。またこの化石を3Dで立体化したところ、いくつものレンズが集まった複眼をもっていたことがわかっている。これがチュゾイアの目なら、うす暗い水中でも獲物をみわけられたかもしれない。

体全体をおおった殻

殻でおおわれていた体のなかには海中を泳ぐためのあしがあったとみられている。

大きさ
全長約 1.8 cm

食性
おそらく雑食（プランクトンや浮遊物）

生きていた時代
カンブリア紀中期

得意技・捕食方法
トゲで武装

危険度
★☆☆

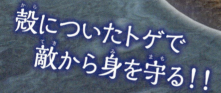

殻についたトゲで
敵から身を守る！！

ドクタートミーの解説

　私たちの身近なところにも、カイエビや写真のカブトエビのように、貝のような形の殻で身を包んだ甲殻類がいる。チュゾイアも生きていたときのみた目はこれらと似ていたかもしれない。

137

ハサミをもち、目の飛びだした"イカもどき"

トゥリモンストゥルム

1

本あしのイカのような姿をしたトゥリモンストゥルム。現在のアメリカ周辺の海で暮らしたといわれている。

細長いだ円形の体を縦になびかせるようにして水中を泳ぎ、遊泳中は三角形のヒレで、かじを取ったり、体のバランスを保ったりしていたと考えられている。

ヒレの反対側は、チューブの先がハサミのような形になっているのがわかる。これがトゥリモンストゥルムの口先で、このハサミで獲物の動きをふうじてから食べていたようだ。

トゥリモンストゥルムはかつて、クリオネのように殻の退化した巻き貝の一種だと考えられていた。ところが2016年3月になって脊椎をもっていることがわかり、今のヤツメウナギに近い原始的な魚類と判明したのである。

ドクター トミーの解説

トゥリモンストゥルムの新事実は、私にとってここ10年で一番、驚かされた大発見だ。化石がつぶれていて、観察しにくかったとはいえ、まさかこれが魚だったとは!!

▲ 近い仲間と考えられるヤツメウナギ
©Drow male

大きさ
全長 8 ～ 35 cm

食性
肉食（小さな甲殻類など）

生きていた時代
石炭紀後期

得意技・捕食方法
カニばさみ

危険度
★☆☆

138

怪物の正体はイカの
ような形の魚だった！！

無防備な目

体の左右には細い軸の
ようなものがのびてい
た。その先に目がつい
ていた。無防備すぎる。

ハサミのような口先

口先はトゲのあるハサミのよ
うになっている。これで獲物
をつかまえていたようだ。

無脊椎動物（むせきついどうぶつ）

カンブリア紀を代表する奇妙な生きもの
ハルキゲニア

体中のトゲ

細いチューブのような体。背中にはトゲ、あしの先にはつめがあり、体中がとがっていたようだ。

いかにして自分の身を守るか。弱肉強食の世界では切実な課題である。ハルキゲニアの場合、背中にあるするどくて長いトゲで身を守る。ハリネズミほど多くはないが、それでも14本もトゲが生えていたという。

ハルキゲニアは、現在の中国や北アメリカあたりで暮らしていた。円形になった口で、動物の死がいなどを吸いあげるようにして食べていたらしい。そしていったん口にした食べ物が逆流して外に出ないよう食道にも歯がついていたようだ。

つい最近まで、ハルキゲニアのトゲはあし、頭部はシッポだと思われていた。つまり、上下・前後、逆さの生物だとみられていたのだ。それほどこの生物の体についてわかっていなかったのだ。

大きさ
全長 0.5 ～ 3.5 cm

食性
肉食
（動物の死がい）

生きていた時代
カンブリア紀中期

得意技・捕食方法
トゲでさす

危険度
★☆☆

140

円形の口で獲物を掃除機
のように吸いあげる

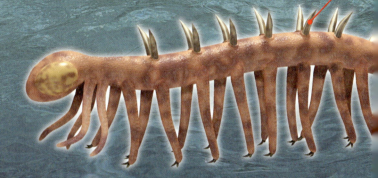

ドクター トミーの解説

　みた目が強烈で、個性的なキャラクターぞ
ろいなカンブリア紀の生きもの。でも、大きい
のはアノマロカリスだけで、他はせいぜい数セ
ンチの生きものがほとんどだ。たくさんのせな
いと、すしネタにもならないほどだ。

▲ 人間の手と大きさ比較

風変わりな姿をした初期型のサメ

アクモニスティオン

頭と背ビレにトゲのあるアクモニスティオンはサメの仲間で、そのなかでも初期型の一種。イギリスの近海で暮らし、スコットランドでは全身の化石が発掘されている。

アクモニスティオンの頭と背ビレには、するどい歯のようなものが並び、トゲのように

なっていた。ただ、この特ちょうはオス特有のもので、メスにはなかったようだ。

このトゲの役目については、さまざまな説がある。代表的なのは、敵をいかくしたり、求愛行動のときにメスと結合したりしたという説だが、今のコバンザメのように他の魚にくっついて移動した

り、エサのおこぼれにあずかったりしたという説もある。ファルカトゥス（116ページ）も似たような器官をもっている。

大きさ
全長約1m

食性
肉食
（小魚や甲殻類など）

生きていた時代
石炭紀前期

得意技・捕食方法
ヒッチハイク

危険度
★★☆

背中の突起で他の魚にくっつく！

背中にある
トゲトゲの台

細かい突起物がたくさん並んでいた。役目について、はっきりとはわかっていない。

ドクター トミーの解説

写真のように、コバンザメは頭にある吸盤でサメやクジラなど大きい動物にはりつく。敵から守ってもらい、エサのおこぼれもちょうだいするのだ。アクモニスティオンの暮らし方も似ていたかもね。

©Albert kok

もしかすると私たちのご先祖さま!?

デンドロシスティテス

デンドロシスティテスは、今のアメリカやチェコ、モロッコから化石がみつかる小さな海生動物だ。さおのようにまっすぐで長いしっぽを海底につきさし、植物のように生えていたともいわれる。砂の上をシッポの先で引きずったあとの化石もみつかっており、生えている場所が気に入らないときなどは、はって移動したこともわかっている。

130年も前から、デンドロシスティテスの化石はみつかっているが、何の仲間かはわかっていなかった。体の表面に骨をもつことから、ウニやヒトデの親せきとみなす学者が多いが、最近では別の見方もされている。シッポのなかに背骨と似た器官（脊索（せきさく）というらしきものがみられることから、私たち脊椎動物（せきついどうぶつ）全体の先祖かもしれないのだ。

ドクタートミーの解説

写真はデンドロシスティテスのように砂の上から頭を出すナメクジウオ。デンドロシスティスも海底で体を直立させていたが、シッポはほとんど曲がらなかったようだ。

大きさ
全長約12cm

食性
雑食（海中の有機物）

生きていた時代
オルドビス紀前期

得意技・捕食方法
吸いこみ

危険度
★☆☆

144

まるで
海底に生える
きみょうな果物

エサを集める触手
あつ　　　しょくしゅ

しょくしゅ
触手にはみぞがあり、
小さなエサをつけねに
開いた口まで流しこん
あ　　くち　　なが
だ。

こう門

しょうか
エサを消化したあと、
ここからふんをした。
しょくぶつ　　　　　　どうぶつ
植物ではなく、動物だ
あかし
という証しだ。

4億3千万年間モデルチェンジなし!!

ハリエステス

クモのように8本のあしをもち、世界中の海に広く住むウミグモという海生動物がいる。ハリエステスはその祖先に近いといわれたり、昆虫やエビ・カニなど節足動物全体の祖先に近いといわれたりする、なぞの多い動物である。

体があまりにも細長いため、内臓が腹におさまりきらず、腸などの一部があしのなかにまで入っていて、メスは卵もあしから産む。体がまるであしだけで生きているように見えることから、この仲間を「皆脚類」と呼ぶ。イギリスで発見されたハリエステスは全身の化石がそろったウミグモでは最古のものだが、体は現在とほとんどちがいがない。一見不気味に感じられる姿だが、何億年ものあいだ同じ構造でいられる、すぐれた姿だったともいえるだろう。

ドクター トミーの解説

写真は、みた目もハリエステスそっくりのウミグモ。ハリエステスは絶滅しちゃったけど、実はほとんど同じといってよいくらい近い生きものが日本の海岸にもいるんだ。

大きさ
体長約4 mm

食性
肉食（貝やイソギンチャクの体液を吸うものもいる）

生きていた時代
シルル紀後期

得意技・捕食方法
海底のごみに擬態する・管をさして体液を吸う

危険度
★☆☆

細い口先

自分より大きく、動き
のにぶい動物をみつ
けて細い口先をさし、
体液を吸ったと考え
られている。

幽霊のような姿をした
海の吸血鬼

イモムシの顔をトゲに変（か）えた生物（せいぶつ）

アイシェアイア

顔（かお）がないようにみえる、あしの長（なが）いイモムシ。そんなみた目（め）の生物（せいぶつ）、それがアイシェアイアだ。熱帯雨林（ねったいうりん）などに住（す）むカギムシという動物（どうぶつ）に近（ちか）いとされ、やわらかい体（からだ）からのびたあしにはそれぞれ小（ちい）さなつめが生（は）えている。現在（げんざい）の北（きた）アメリカ周辺（しゅうへん）の海（うみ）にいた。

化石（かせき）はその当時（とうじ）の状況（じょうきょう）を物語（ものがた）る。アイシェアイアの場合（ばあい）、化石（かせき）のそばから天然（てんねん）スポンジのもとになるカイメンという動物（どうぶつ）の化石（かせき）も一緒（いっしょ）に発見（はっけん）されることが多（おお）い。このことからアイシェアイアがカイメンをかくれ家（が）にしていて、ついでにエサにしていたと考（かんが）えられている。

なかでもアイシェアイアの前（まえ）の方（ほう）にある1対（つい）のあしは、他（ほか）のあしより長（なが）かったので、カイメンにしがみつくとき、大（おお）いに役（やく）立（だ）っただろう。

大（おお）きさ
全長（ぜんちょう）約（やく）6cm

食性（しょくせい）
肉食（にくしょく）
（カイメンを食（た）べる）

生（い）きていた時代（じだい）
カンブリア紀中期（きちゅうき）

得意技（とくいわざ）・捕食方法（ほしょくほうほう）
トゲのあるカイメンについて身（み）を守（まも）る

危険度（きけんど）
★☆☆

掃除機のホースのような体が海中にうかぶ

筒状の体

どう体やあしは輪を
つなぎあわせたよう
な構造だ。

ドクタートミーの解説

アイシェアイアの仲間が今も生きつ
づけているのを知っているかい？　海で
はなく、熱帯雨林で暮らしているカギムシ（写真）だ。口のまわりから糸のよう
なねん液を発射して昆虫をとらえるよ。

カンブリア紀の最小モンスター

サロトロケルクス

長い棒のような尾
細長い尾の先には
トゲのようなもの
がついていた。

ハケのようなあし
現在のホウネンエビ
や、急ぐときのカブ
トエビも同じような
泳ぎ方をする。

楽器のギターのような姿をしたサロトロケルクスは、カンブリア紀の節足動物のなかで最も小さい種類のひとつだ。現在のカナダ近海に生息していたとみられている。

とにかく見た目がユニークなサロトロケルクス。大きな触角と飛びでた目、それにつきでた尾……体にさまざまなものをひっつけたようなつくりである。

サロトロケルクスは、あお向けで海中にとどまっているわけではなかった。ソースをぬるハケのようなあしをバタバタさせながら、いつも泳いでいたのだ。底ではなく、海の真ん中あたりにいて、きれいな水をエラに取りこみながら、プランクトンや浮遊物を口に運ぶという一石二鳥の技をひろうしていたのであろう。

大きさ
全長 1～1.6 cm

食性
雑食（プランクトンや浮遊物）

生きていた時代
カンブリア紀中期

得意技・捕食方法
背泳ぎ

危険度
★☆☆

ハケのようなあしを動かして 海中を背泳ぎする

ドクタートミーの解説

急ぐときに背泳ぎになる節足動物にはカブトガニやカブトエビがいる。古くはウミサソリもそうしたといわれる。ただしいつも逆さなのは、ホウネンエビ（写真）などごく一部だ。サロトロケルクスもその意味では珍しい生きものだ。

無脊椎動物（むせきついどうぶつ）

骨格をもつ世界最古の生物（こっかく・せかいさいこ・せいぶつ）

コロナコリナ

逆（さか）さにしたプリンのカップから少なくとも4本のトゲがのびている。そんな外見をした生物がコロナコリナである。「骨格（こっかく）をもつ世界最古（せかいさいこ）の生物（せいぶつ）」と呼（よ）ばれ、少し変わった骨（ほね）のつき方をしている。そのユニークな姿（すがた）から、「コロナコリナ・アクラ（トゲのある小さな縁（ふち）つきの丘（おか））」と

大きさ
体高（たいこう）約（やく）5cm

食性（しょくせい）
雑食（ざっしょく）（プランクトンや海中（かいちゅう）のちり）

生きていた時代（じだい）
先（せん）カンブリア時代（じだい）

得意技（とくいわざ）・捕食方法（ほしょくほうほう）
動（うご）かない

危険度（きけんど）
★☆☆

152

ドクター トミーの解説

コロナコリナはごく初期のカイメン（写真）だといわれている。カイメンは、その骨格が天然スポンジの原料になっている生きものだ。体のしくみがきわめて単純な動物だから、たとえこなごなになっても、また合体して元にもどったりできる不思議な特ちょうがあるんだ。

海底にささったトゲ

トゲの長さは 20 センチから 40 センチくらいあったようで、最低でも 4 本は体からのびていたという。

まるで基地!?
海底にトゲをさし、
ずっと動かない

名づけられている。

コロナコリナは、現在のオーストラリア周辺の海で暮らしていた。やわらかい体からのびた細長いトゲを海底につきさし、体を固定していたので、泳ぐことはおろか、移動することすらできなかった。動くことができない以上、コロナコリナはその場で食事を済ませるしかなかった。体内にあるフィルターを通して、水中から必要な食べ物だけを取りいれたと考えられている。

架空の生物に間違えられた絶滅生物

未知なる生物は絶滅生物の生きのこりなのか

　まだ科学が発展していない時代、昔の人びとが古代生物の化石を発見したり、見たこともない生物に出会うと、空想上の生きものと結びつけて考えていた。海洋の未確認生物として有名なシーサーペントは中世以降、多数目撃されているが、その正体はいまだになぞに包まれている。巨大なヘビのような姿で描かれたり、巨大な影を写した写真が公開されてもいる。その正体はクジラなのか、巨大なウナギのような生物か、さまざまな説があるが、ある人は新生代の原始クジラバシロサウルス（54ページ）の生きのこりではないかと考えている。バシロサウルスはヘビのような長い体が特ちょうだが、3400万年前に絶滅したと考えられている。広い海のどこかで、まだ生きている可能性はあるのだろうか。

▲ バシロサウルス

▼ シーサーペント

（写真・イラスト）シーサーペントは、ヘビのような体形のバシロサウルスの生きのこりだったのだろうか。

第4章

無念！　最近滅んだ巨大生物

近年絶滅してしまった生物、その原因は？

生物の絶滅は古代にだけ起きていたわけではなく、最近になって絶滅してしまった生物たちもいる。その原因の多くは人類がむやみに彼らをとった（乱獲した）からかもしれない。

オオウミガラス 164ページ

絶滅時期 160 年前

絶滅理由 人類が肉や卵を食用として乱獲したため

ジャイアントモア 162ページ

絶滅時期 600 年前

絶滅理由 先住民によって乱獲されたため

メガテリウム 166ページ

絶滅時期 1万 年前

絶滅理由 生息地に侵入してきた人類に乱獲されたため

シヴァテリウム 170ページ

絶滅時期 数千 年前

絶滅理由 人類による乱獲と生息環境の変化

メガラダピス 176ページ

絶滅時期 500 年前

絶滅理由 人類による森林破壊と乱獲のため

ステラーカイギュウ 184ページ

絶滅時期 250 年前?

絶滅理由 肉や脂肪、毛皮めあてに乱獲されたため

ケナガマンモス 168ページ

絶滅時期 3700 年前

絶滅理由 気候変動か人類に乱獲されたため

メガラニア

生存説（せいぞんせつ）がささやかれる史上最大（しじょうさいだい）のトカゲ

するどい歯（は）で獲物（えもの）を
食（く）いちぎる
"大（おお）きな放浪者（ほうろうしゃ）"

大きさ
全長（ぜんちょうやく）約7ｍ

食性（しょくせい）
肉食（にくしょく）（哺乳類（ほにゅうるい）・鳥類（ちょうるい）・他（ほか）の爬虫類（はちゅうるい）や死（し）がい）

生きていた時代（じだい）
第四紀更新世（だいよんきこうしんせい）

得意技（とくいわざ）・捕食方法（ほしょくほうほう）
かみつき・つめでのひきさき・尾（お）の一撃（いちげき）

危険度（きけんど）
★★★

現（げん）生（せい）のトカゲのなかで、世界最大（せかいさいだい）といわれるコモドオオトカゲ。全長（ぜんちょう）は3メートルにもなる。だが、絶滅（ぜつめつ）してしまったなかにはこれを上回（うわまわ）るトカゲがいた。メガラニアだ。「史上最大（しじょうさいだい）の陸（りく）生（せい）トカゲ」といわれ、コモドオオトカゲの2倍以（ばいい）上（じょう）の大（おお）きさ。まさに恐竜（きょうりゅう）サイズのトカゲである。

158

ドクター　トミーの解説

他の大陸から遠くはなれていたオーストラリアには、イヌやネコのように知能が高く、すばしっこい肉食動物は渡ってこられなかった。メガラニアは滅んでしまい、写真のような化石だけが残されているけれど、オーストラリアでは今もなお爬虫類が生きものたちの頂点に立っている。

巨大な体

体重は 600 キロにもなったといわれる。なおメガラニアとは"大きな放浪者"という意味だ。

オーストラリアで暮らしていたメガラニアは、するどい歯を使って獲物の肉を食べていたと考えられている。4万年前には絶滅したとされているが、その原因ははっきりしていない。そのせいで、いまだにオーストラリア北部では目撃談が後を絶たない。だが、今ではメガラニアが好んで食べた大型動物はみな滅んでしまった。食べ物がなければ、生きのこっている可能性も極めて低いだろう。残念だ。

鎧竜のような顔つきをした原始的なカメ

メイオラニア

大きな2本の角と、こん棒のようなゴツゴツした長いしっぽをもつメイオラニア。顔つきは恐竜っぽいが、れっきとしたカメの仲間。温暖なオーストラリアやニューギニアなどの陸地で生活をしていた。

カメは身の危険を感じると、すぐに頭や手あしをこうらのなかに引っこめる習性があ

る。これがカメらしさではあるが、メイオラニアの場合、頭の角やシッポの突起がじゃまで、かくすことができなかったようだ。そういう意味ではカメらしくはない。

メイオラニアの化石は数が少なく、なぞは多いが、それでもニューカレドニアでは2000年前まで生きていたことが知られている。なお、メイオラニアは「小さな放浪者」という意味である。

トゲのあるシッポ
こん棒のようにゴツゴツした長いシッポ。こうらに隠せなくとも、敵をおいはらうにはじゅうぶん役に立った。

大きさ
全長約2.5m

食性
植物食

生きていた時代
古第三紀漸新世〜第四紀完新世

得意技・捕食方法
かみつき・尾の一撃

危険度
★★☆

160

体をこうらに
かくすことができなかった

ドクター
トミーの解説

メイオラニアは、今のオーストラリア
にはみられない、進化したカメの仲間だ
った。その祖先は流木にしがみつくか、
そのままぷかぷか流され、この大陸に
たどり着いたのだろう。

▼ 人間との大きさ比較

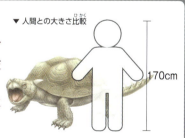

170cm

空を飛べない史上最も背の高い巨鳥

ジャイアントモア

史上最も背の高い鳥、それがジャイアントモア（オオゼキオオモア）である。数頭の群れをつくりながら、ニュージーランドの低い山やそのすそ野で暮らしていた。

ジャイアントモアは空を飛べず、つばさすらない。というのも、かつてのニュージーランドには鳥類の敵となる動物がおらず、敵からにげる必要がなかったのだ。使わないつばさは退化してなくなり、代わりに体は巨大化したとみられている。

つばさを失ったジャイアントモアだが、足腰は強く、かなりのスピードで走ることができたようだ。そんなジャイアントモアも、かつては人間と共存していた。しかし、13世紀から14世紀ごろ、ニュージーランドに移りすんできたマオリ族によってほかくされ、絶滅の道を歩むことになった。

ドクタートミーの解説

鳥は小石などをのみ、歯の代わりに食べ物をすりつぶすのに使う。人間は焼いた石をジャイアントモアの近くに置いておき、うっかりのんで弱った個体をしとめたという。

▲ ジャイアントモアの化石

大きさ
体高 3 ～ 3.6 m

食性
植物食

生きていた時代
第四紀
更新世 ～ 完新世

得意技・捕食方法
蹴り

危険度
★★☆

162

人間に滅ぼされた、
つばさを失った巨大な鳥

巨体を支えるあし

体を支えるため大きく太かった。
足が速く時速 50 キロで走るこ
とができたといわれている。

人間により絶滅させられた"元祖ペンギン"

オオウミガラス

ペンギンとは「太った鳥」という意味だが、オオウミガラスは世界で最初に"ペンギン"と呼ばれた大型の海鳥だ。外見も動きも南極のペンギンに似ているが、仲間ではない。当時は数も多く、珍しい生きものではなかったという。

オオウミガラスは飛べなかったが、泳ぐ能力は高かった。短いつばさとあしを使い、海中をかなりのスピードで泳いだという。また毎年6月には繁殖期をむかえ、1個の卵をオスとメスのつがいで育てた。しかし、卵は数も少なく貴重で、味もおいしかったことから人間はオオウミガラスをつかまえはじめる。さらに革や脂もとれたことから、オオウミガラスの乱獲はエスカレート。そして1844年、最後のつがいの2羽が殺され、オオウミガラスは絶滅したといわれている。

ドクタートミーの解説

卵を抱いていた最後のつがいのオスは棒でなぐり殺され、卵を守ったメスも首をしめられて死んでしまい、割れた卵は捨てられたという。ひどいことをするものだ。

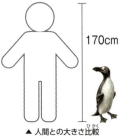

170cm

▲ 人間との大きさ比較

大きさ
体高約80cm

食性
肉食（小魚やイカ）

生きていた時代
新第三紀鮮新世〜第四紀完新世

得意技・捕食方法
泳ぐ

危険度
★☆☆

海の中を
猛スピードで泳ぐ、
夫婦仲の良い海鳥

短いつばさとあし

泳ぐことに特化していたという。今のペンギンよりも、陸上を歩くのは苦手だった。

地上で闘う史上最大のナマケモノ

メガテリウム

木の上でのゆっくりした動作がなまけているように見えることから、その名がついたナマケモノ。しかし、同じナマケモノの仲間でもメガテリウムは少しちがう。体重が重すぎて、木の枝にぶらさがれなかったのだ。

メガテリウムは今の南アメリカ大陸で暮らしていた。四足歩行だが、食事のときは2本足で立ち、つめを使って木の葉をとったり、土をほり、根や茎を食べることもあった。

メガテリウムはいつもなまけていたわけではない。天敵サーベルタイガーと出会えば、するどいつめを立てて闘った。メガテリウムの皮ふはとてもかたく、防御力も高かったという。

だが、一頭たおせば、大量の食料を確保できることから人間にほかくされ、メガテリウムは絶滅したとみられる。

ドクター トミーの解説

立ちあがったメガテリウム（写真）は、あのティラノサウルスよりも背が高かった。もう少し小さな仲間には、海に住むものもいた。海で出会ったら大迫力だね。

大きさ
全長約6m（ぜんちょうやく）

食性（しょくせい）
植物食（木の葉や茎、根）（しょくぶつしょく）

生きていた時代（じだい）
新第三紀鮮新世〜第四紀完新世（しんだいさんきぜんしんせい〜だいよんきかんしんせい）

得意技・捕食方法（とくいわざ・ほしょくほうほう）
つめによる攻撃（こうげき）

危険度（きけんど）
★★☆

なまけてばかりは いられない！！ するどい つめで闘うファイター

最大の武器のつめ

長い腕とするどいつめ。食料をとるだけではなく、サーベルタイガーとの闘いでは武器として使った。

小さな耳

凍傷をふせいだり、体の熱を外ににがさないよう、耳は小さかった。

極寒（ごっかん）の地で暮（く）らす毛むくじゃらのゾウ

ケナガマンモス

マンモスはこれまでに８種類（しゅるい）が確認（かくにん）されているが、最も繁栄（はんえい）したのがケナガマンモス。北半球（きたはんきゅう）の極寒（ごっかん）の地で暮らし、日本の北海道に生息（せいそく）したこともわかっている。大きくカーブした長いキバはケナガマンモスの象徴（しょうちょう）だが、武器（ぶき）として用いることはあまりなかったようだ。むしろ、草食

大きさ
全長（ぜんちょう）4.3 m

食　性（しょくせい）
植物食（しょくぶつしょく）（イネ科（か）の草やカバノキ、ヤナギの葉（は）など）

生きていた時代（じだい）
第四紀更新世（だいよんきこうしんせい）〜完新世（かんしんせい）

得意技・捕食方法（とくいわざ・ほしょくほうほう）
自在（じざい）に動（うご）く鼻（はな）

危険度（きけんど）
★★☆

168

体毛と長いキバで極寒の地を生きぬいた

ドクタートミーの解説

アジアゾウの仲間が、寒い気候に適応して毛深くなったものがマンモスだ。マンモスは、よく大きなもののたとえとして使われることがあるけれど、今のゾウに比べて特別に巨大ではなかった。ケナガマンモスなんて、むしろアフリカゾウよりも小さいくらいだよ。

▼ 人間との大きさ比較

170cm

熱をにがさないお尻

お尻の穴は、凍傷にかからないよう、ふたができるようになっていた。

動物のケナガマンモスにとっては、枝や草の上に積もった雪をはらうためのものだったという。

ケナガマンモスはわずか3700年前に絶滅したといわれる。キバを狙って人間が乱獲したともいわれているが、はっきりした原因はわかっていない。ただ化石からケナガマンモスの毛や肉も見つかっているので、クローン研究も進んでいる。ケナガマンモスをその目で見られる日が訪れるかもしれない。

シカやウマにみえるキリン

シヴァテリウム

頭に変わった形の角（オシコーン）をもつが、キリンの仲間である。ヒンドゥー教の最高神シヴァがその名の由来となっている。

シヴァテリウムは、アジアからヨーロッパまで、かなり広い地域に生息していたといわれている。短い首とがっしりした体を使い、地面にある草を食べていたという。

そんなシヴァテリウムが絶滅したのは、わずか数千年前とみられている。滅んだ原因はわかっていないが、北アフリカやメソポタミアの遺跡からはシヴァテリウムらしき動物の絵や像がみつかっている。

また、あまりにも最近まで生存していたことから、彼らの絶滅に人間がかかわっていた可能性が高い。

大きさ
肩までの高さ約 2.2 m

食性
植物食（草など）

生きていた時代
新第三紀鮮新世〜第四紀完新世

得意技・捕食方法
4本のあしによる蹴り

危険度
★★☆

170

短い首

現在のキリンに比べると首はかなり短く、オシコーンを2本もち、目の上にも角が2本あった。

最高神シヴァから
名づけられた
神聖なキリン

ドクター トミーの解説

1990年に北アフリカで目撃した人から直接話を聞いたことがあるが、私はこのシヴァテリウムこそ、絶滅したといわれるあらゆる動物のなかで、最も生存の可能性が高いと思っている。

▼ 人間との大きさ比較

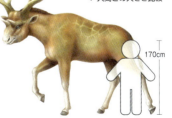

170cm

ホモテリウム

するどいキバで相手の血を抜くネコ

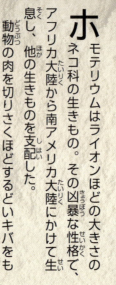

短い後ろあし

後ろあしが前あしより短く、どう体と尾も短かった。

ホモテリウムはライオンほどの大きさのネコ科の生きもの。その凶暴な性格で、アフリカ大陸から南アメリカ大陸にかけて生息し、他の生きものを支配した。動物の肉を切りさくほどするどいキバをもったホモテリウム。群れをつくり、キバをつ

きたて、獲物をおそった。だが、その長い歯は肉を食べるにはじゃまだったようで、やわらかい肉だけを食べ、かたい肉は残したという。獲物をつかまえる能力に長けたホモテリウムだったが、他のネコ類に比べて足はおそかったようだ。そしてこれが弱点となり、絶滅

への道が始まる。動きのにぶい巨大な動物が少しずつ姿を消し、にげ足の速い草食動物が増えると、ホモテリウムはエサをとれなくなったのだ。

大きさ

体長 1.5 ～ 2 m

食　性

肉食
（マンモスの子など）

生きていた時代

新第三紀鮮新世～
第四紀更新世

得意技・捕食方法

切りさき・
相手を失血死

危険度

★★★

172

三日月型のキバ
するどいキバで獲物を
つきさし、失血死させ
たと考えられている。

するどいキバをもつ
凶暴なサーベルタイガー

ドクター　トミーの解説

　ホモテリウムの狩りのしかたは、コモ
ドオオトカゲとよく似ていただろう。が
んじょうな皮ふをもつ代わりに、動きが
にぶい獲物がいなくなっては、長いキバ
も使いようがなかったにちがいない。

▲ ホモテリウムのふん（左）と、はきだしたシカ
の骨（右）の化石

スミロドン

せっかちな史上最強のサーベルタイガー

史上最強のネコ科と呼ばれるサーベルタロドンだ。南北アメリカ大陸で暮らし、三日月形のキバと前あしを武器にエサをとっていた。そんなスミロドンにも弱点はあったという。他のネコ類よりも足がおそかったのだ。そこ

で動きのおそい大型の哺乳類を群れで待ちぶせし、スキをみておそいかかったという。彼らの化石からは獲物と格闘した跡も見つかっている。動物界の頂点にいたスミロドンでさえ、簡単にはエサにありつけなかったのだろう。

またスミロドンは沼にはまった獲物に飛びかかることもあった。だが、彼ら自身も沼から抜けだせなくなり、そのまま死んでしまうケースも多かった。欲を出しすぎるのも考えものである。

短い尾

他のネコ科の仲間と比べると尾は短かった。ちなみにあしも短かった。

大きさ
体長約2m

食性
肉食
（マンモスの子など）

生きていた時代
第四紀
更新世〜完新世

得意技・捕食方法
奇襲・集団攻撃

危険度
★★★

174

切れ味のするどいキバで獲物をしとめた!!

切れ味するどいキバ

獲物にとどめをさすた
めに使ったとされるキ
バ。長いもので 24 セ
ンチにもなった。

ドクタートミーの解説

アメリカには、タールというねばねば
した液体の底なし沼があり、落ちて死ん
だスミロドンの骨がざくざく出る。でも
当時同じ場所にいたライオンの骨はな
い。ライオンの方がかしこかったんだね。

極楽の島と呼ばれるマダガスカル島。この島に住む動植物のおよそ8割は、ここでしか見ることのできない固有種だ。原始的なサルの仲間であるキツネザルもそのひとつで、なかでも史上最大といわれるのがメガラダピスだ。

ゴリラくらい大きかったメガラダピス。コアラのように木の上で果物や木の葉を食べて暮らしていたようだ。ただ頭の大きさの割には脳が小さく、知能はそれほど高くなかったとみられている。

マダガスカル島に人間が住みはじめたのは、今から約2000年前といわれる。メガラダピスは、いっとき人間と共存していたものの、大規模な自然破壊や乱かくにより、15世紀ごろには絶滅したと考えられている。

ドクタートミーの解説

メガラダピスはあまり動きまわらないので筋肉が少なく、体重は50キロ程度だっただろう。ただし、同じ時代・場所には体重200キロに達する巨大な仲間もいた。

大きさ
体長約 1.5 m

食性
植物食 (食物食) （木の葉・果物・花）

生きていた時代
第四紀更新世〜 完新世

得意技・捕食方法
木登り

危険度
★ ☆ ☆

短い手あし

現在のキツネザルの手あ
しは長いが、メガラダピ
スのものは短かった。

コアラのようにくらす
史上最大のキツネザル

ドエディクルス

鉄壁（てっぺき）の守備（しゅび）をほこったアルマジロ

体だけではなく、頭とシッポもこうらで守られていたドエディクルスは、“最（もっと）も完（かん）ぺきに武装（ぶそう）した哺乳類（ほにゅうるい）”だ。アルマジロの仲間（なかま）では最大級（さいだいきゅう）だった。

ドエディクルスは、南アメリカ大陸（たいりく）の見通（みとお）しの良（よ）い草原（そうげん）でのんびり草や葉（は）を食（く）べて暮（く）らしたと考えられている。しかし、かくれる場（ば）所（しょ）の少ない、ひらけた草原は敵（てき）に発見（はっけん）されやすい。ドエディクルスはあしがおそく、敵（てき）からにげられなかったので、その代（か）わりにかたいこうらと尾（お）にあるトゲで身（み）を守（まも）ったという。まさに鉄壁（てっぺき）の守備（しゅび）である。

そんなドエディクルスも人間の前（まえ）では無力（むりょく）だった。こうらを道具（どうぐ）や武器（ぶき）の材料（ざいりょう）として重宝（ちょうほう）した人間はドエディクルスを狩（か）り、絶滅（ぜつめつ）に追（お）いやった。

巨大（きょだい）な体

こうらでおおわれた体は1.5トンにもなったという。前あしには4本、後ろあしには3本の指（ゆび）があった。

トゲのあるしっぽ

こうらで攻撃（こうげき）を防（ふせ）ぎ、しっぽのトゲで相手（あいて）に攻撃（こうげき）したのだろう。

大きさ
全長約（ぜんちょうやく）4m

食性（しょくせい）
植物食（しょくぶつしょく）（草など）

生きていた時代（じだい）
第四紀（だいよんき）更新世（こうしんせい）〜完新世（かんしんせい）

得意技（とくいわざ）・捕食方法（ほしょくほうほう）
こうらで防御（ぼうぎょ）・尾（お）のこん棒（ぼう）

危険度（きけんど）
★★☆

178

体をこうらでおおった
完全武装のアルマジロ

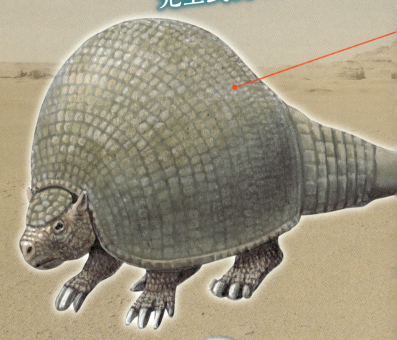

ドクタートミーの解説

こんな巨大な怪獣が1万1000年前まで生きていたことに驚かされる。写真のグリプトドンは、少し小型の親せきで、6000年前に人間によって滅ぼされてしまった。おしい！

ディプロトドン

のんびり屋（や）でおとなしい性格（せいかく）

カンガルーやコアラのような動物を有袋類（ゆうたいるい）と呼ぶ。有袋類とは「育児（いくじ）のう」といわれる袋（ふくろ）で赤ちゃんを育てる哺乳類（ほにゅうるい）のことだ。この有袋類（ゆうたいるい）のなかで、最（もっと）も体が大きかったのがディプロトドンで、おなかについた袋（ふくろ）はお尻側（しりがわ）が入口になっていた。その袋は人間の大人ひとりが入れるほど

大きさ		
全長（ぜんちょう）3〜3.5m		

食性（しょくせい）		
植物食（しょくぶつしょく）（塩生植物（えんせいしょくぶつ）や草、木の葉）		

生きていた時代（じだい）		
第四紀更新世（だいよんきこうしんせい）〜完新世（かんしんせい）		

得意技（とくいわざ）・捕食方法（ほしょくほうほう）		
鼻（はな）がきく		

危険度（きけんど）		
★★☆		

ドクタートミーの解説

育児のうが後ろを向いている理由は、コアラは自分のうんちを赤ちゃんに食べさせてあげるため。トンネルをほって暮らすウォンバットは、育児のうに土砂が入らないようにするためだ。ウォンバット巨大版ともいえるディプロトドンも、巣穴をほったりしたのかもしれないね。

おなかにある大きな袋で赤ん坊を育てる

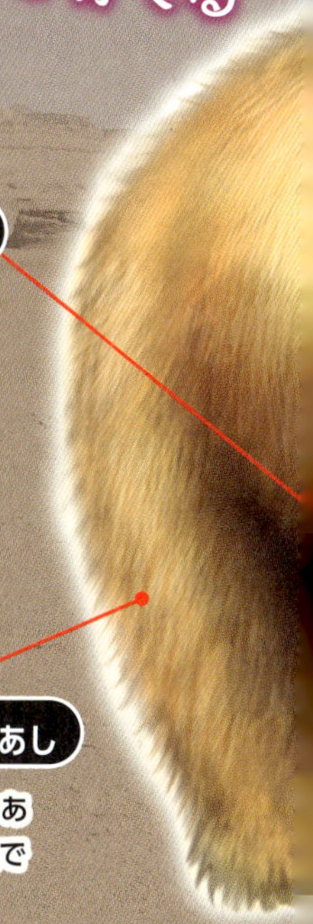

お尻側にある袋

カンガルーの袋は前から入るようになっているが、ディプロトドンの場合は、コアラやウォンバットと同じで、お尻側が入口になっていた。

柱のように太い４本のあし

体を支えるために４本のあしは太かった。全身も毛でおおわれていた。

大きかったという。

オーストラリアで暮らしていたディプロトドンは、草食動物で、低い木にある葉っぱを食べ、よく水場に集まっていたといわれている。なかでも塩水湖周辺に生える植物を好んで食べたようだ。

またディプロトドンは、すぐれたきゅう覚をもっていたが、おとなしい性格で、体の動きもゆったりしていた。そのため人間や肉食獣からターゲットにされやすかったと考えられている。

伝説の一角獣ユニコーンのような大型のサイ

エラスモテリウム

毛むくじゃらの体

寒い地域に住むエラスモテリウムは、体から熱がにげないよう、分厚い毛皮でおおわれていた。

かつて「伝説の馬ユニコーンのモデルではないか」と話題になった大型のサイがエラスモテリウムだ。鼻先に大きな角のある現在のサイとはちがい、額の上に巨大な角をもっていた。サイの角は皮ふや毛が変化したものだから化石には残りにくいが、額の台座に

あたるところはコブのように出っぱっていた。しかもエラスモテリウムは四足歩行。化石の発見当時、その形から"幻の一角獣"を期待した人も多かったようだ。

分厚い皮におおわれた大柄なエラスモテリウムは、ユーラシア大陸の草原地帯で暮らしていたようだ。特に川辺を好んだという。また馬なみに足も速かったようで、軽やかに大地を駆けぬけたのかもしれない。"ユニコーン"のように。

大きさ
体長約 4.5 m

食性
植物食（草など）

生きていた時代
新第三紀鮮新世〜第四紀更新世

得意技・捕食方法
角による突き

危険度
★★☆

伝説の馬ユニコーンの正体は 大型のサイだった!?

巨大な1本の角

2メートルにもなる巨大な角が頭の上からはえていた。これは皮ふや毛が変化したものだった。

ドクタートミーの解説

写真は、エラスモテリウムとほぼ同じ時代・場所で暮らしていた絶滅種で、名をケブカサイという。角の数こそちがうが、現在のサイと同じように、エラスモテリウムも角には骨がなかった。

ステラーカイギュウ

冷たい海を好んだ優しい海獣

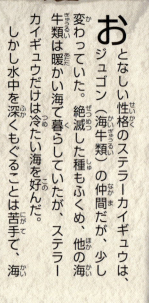

おとなしい性格のステラーカイギュウは、ジュゴン（海牛類）の仲間だが、少し変わっていた。絶滅した種もふくめ、他の海牛類は暖かい海で暮らしていたが、ステラーカイギュウだけは冷たい海を好んだ。

しかし水中を深くもぐることは苦手で、海面にうかんでいるだけだったという。また群れで行動し、潮にのって海岸の浅瀬に移動しては、海藻を食べていたと考えられている。

ステラーカイギュウは群れ意識が強く、仲間がおそわれると助けにいく習性があった。また、人間を怖がらない性格であったため、毛皮や食料などを目的に、人間が乱獲しはじめると、数を減らし、発見されてからわずか27年、ステラーカイギュウは絶滅してしまった。

歯のない口とつめのないヒレ

ステラーカイギュウには歯がなかった。またヒレにはつめもなかった。

大きさ
全長8〜9m

食性
植物食
（コンブなどの海藻）

生きていた時代
第四紀更新世〜完新世

得意技・捕食方法
潮に流される・友達想い

危険度
★★☆

184

人間を恐れず、仲間意識が強すぎたゆえに……

大きな体

最大9メートル、重さ10トンになる体からは、ランプに使われる脂や、食料になる肉が大量にとれたという。

ドクター　トミーの解説

写真はエジプトの約4000万年前の地層でみつかったカイギュウ類の化石。ずっと後に現れたステラーカイギュウも、それらしき目撃情報は1962年まであったのに絶滅してしまい、無念。

アボリジニの物語にも登場する巨大カンガルー

プロコプトドン

プロコプトドンは体高2メートルをこえる史上最大級のカンガルーだ。おおよその形は今のカンガルーと変わらないが、頭骨が丸っこく、シッポは太く、後ろあしには大きな1本のひづめがあった。シッポやひづめは230キロに達する体重を支えていたと考えられる。前あしは長めで、その指にはするどく曲がったつめがあった。つめをテリジノサウルス（38ページ）やメガテリウム（166ページ）のように使い、高い枝を口までたぐりよせて葉を食べたといわれる。

プロコプトドンは、オーストラリアに渡ってきた人間とも5000年ほど共存し、先住民アボリジニの物語にはプロコプトドンらしき動物が登場する。その絶滅に人間がかかわったかどうかは、はっきりしていない。

ドクター トミーの解説

有袋類王国オーストラリアには、さまざまなカンガルーがいる。かつては木の上から獲物におそいかかるどう猛なカンガルーなどもいたのだが、絶滅してしまった。

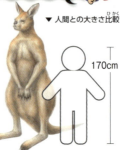

▼ 人間との大きさ比較

170cm

大きさ
全長約3m

食性
植物食（木の葉など）

生きていた時代
第四紀更新世

得意技・捕食方法
飛びげり・つめでたぐりよせる

危険度
★★☆

186

無念！　最近
滅んだ巨大生物

いやし系の顔と
驚異のジャンプ力

シッポを支えに
カンガルーキック

メガラニアなどにお
そわれると、ジャン
プしてにげるか、太
い尾だけを支えにの
びあがり、飛びげり
をしていた。

"ホビット"と呼ばれる小柄な人類

フローレス原人

長編小説「指輪物語」の主人公は背の低い種族で、名をホビットという。インドネシアのフローレス島で暮らしていたフローレス原人はその小柄な姿から"ホビット"と呼ばれている。脳のサイズはグレープフルーツほどで、チンパンジーより小さいくらいだが、つくりはずっと複雑だった。

直立二足歩行をし、打製石器（石を打ちくだいてつくられた武器や道具など）を使っていたようだ。

インドネシアでは、ジャワ原人の化石がたくさん見つかっている。フローレス原人は、フローレス島に移りすんだジャワ原人が、独自の進化をしたものだと考えられる。舟もつくれなかったジャワ原人が、どうやって海をこえてフローレス島に渡ってきたのかなど、この原人をめぐるなぞはつきない。

ドクタートミーの解説

フローレス原人絶滅の時期がほぼ明らかになり、現代人の祖先がこの島にやってきた時期とわかった。我われの祖先は、このユニークな仲間をも滅ぼしてしまったのか。

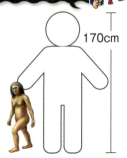

170cm

- **大きさ**
  しんちょうやく
  身長約 1.1 m
- **食性**
  ざっしょく
  雑食

- **生きていた時代**
  だいよんきこうしんせい
  第四紀更新世

- **得意技・捕食方法**
  ちょくりつにそくほこう
  直立二足歩行・
  だせいせっき
  打製石器

- **危険度**
  ★☆☆

小さな体

成人しても、身長は現
代日本人の5歳児の平
均とほぼ同じである。

舟もつくれない
古代人がどうやって
海を渡った！？

189

写真に写された絶滅生物たち

希少な生きものを絶滅させたのは人間なのか

　30ページで、人類のせいで大量絶滅が起きているという話を紹介したが、その影響を受け絶滅したなかでも、生きていたときの姿が写真に残っている生物がいる。その多くは、肉や革を求めた人類によって乱獲され数が減少したり、森林伐採や開発のために生息域がせまくなるなどして、十分なエサがえられず絶滅してしまった。

　それは、たとえばサバンナシマウマの仲間で、乱獲によって絶滅したクアッガ。人間の家畜をおそったことで、懸賞金がかけられ大量に虐殺されたフクロオオカミ。森林伐採で生息地が減少し、絶滅したジャワトラなどの生きものだ。

　ときに人間は、自然の破壊や動物の過剰な捕獲をしてしまう。絶滅した生きものの写真は、そうした我われ人類のしてきた行為の証明写真となってしまっているのだ。

▲ クアッガ

▲ フクロオオカミ

▲ ジャワトラ

190

最後に

　大きくて、形のはっきりした生きものが初めてあらわれた6億年も昔から、約150年ほど前までの生きものをとりあげてきました。

　楽しんでいただけたでしょうか。

　実は、化石が発見された生きものというのは、昔生きていた動物のごく一部。地面の下には、だれも知らない変わった生きものの化石が、まだまだたくさんねむっています。

　さらに、今生きている動物だって、人間に発見され、名前がつけられているものなんかすべての生きものの10％にも満たないのです。

　地球の生きものは、まだまだなぞだらけです。

　さあ、次はみなさんが新しい発見をする番ですよ。

ドクタートミー　富田京一

参考文献

『生物の進化　大図鑑』（マイケル・J・ベントン他監修／河出書房新社）

『小学館の図鑑NEOシリーズ「DVD付 新版 恐竜」』（富田幸光監修／小学館）

『新版　絶滅哺乳類図鑑』（富田幸光著／丸善）

『絶滅した哺乳動物たち』（富田幸光著／丸善）

『カンブリアモンスター図鑑』（土屋健著／千崎達也著／秀和システム）

『古生物大百科』（土屋健著／学研教育出版）

『ポプラディア大図鑑WONDAシリーズ「大昔の生きもの」』（富田幸光他監修／ポプラ社）

『生物ミステリーシリーズ「エディアカラ紀・カンブリア紀の生物」』（土屋健著／技術評論社）ほか

『原色版　恐竜・絶滅爬虫類図鑑』（真鍋真他監修／学習研究社）ほか

『恐竜の復元』（真鍋真他監修／学習研究所社）他著／大日本絵画）

『水生無脊椎動物』（荒俣宏著／平凡社）

『恐竜時代I』（小林快次著／岩波書店）

『世界哺乳類図鑑』（ジュリエット・クラットン=ブロック著／新樹社）

『サメ』（矢野和成著／東海大学出版会）

『ワンダフル・ライフ—バージェス頁岩と生物進化の物語』（スティーヴン・ジェイ・グールド著／早川書房）

『化石の写真図鑑』（シリル・ウォーカー著／日本ヴォーグ社）

『太古の生物図鑑』（ウイリアム・リンゼー著／あすなろ書房）

『フィールド古生物学』（大路樹生著／東京大学出版会）

『古生物事典』（日本古生物学会編さん／朝倉書店）

『現代を生きる化石たち』（樋山王二著／研成社）

『三葉虫の謎』（リチャード・フォーティ著／早川書房）

『眼の誕生』（アンドリュー・パーカー著／草思社）

『そうやって生きてきたのたち』（川崎悟司著／ブックマン社）

『生命のはじまり』（金子隆一著／ソフトバンククリエイティブ）

『すごい古代生物』（川崎悟司著／キノブックス）

『知っておきたい　古生代』（川崎悟司著／技術評論社）

『知りたい不思議な生き物たち 奇妙・不思議ないきもの』（上林祐治著／西東社）

『カンブリア爆発の謎』（宇佐見義之著／技術評論社）

『バージェス頁岩　化石図譜』（デリック・E・G・ブリッグス他著／朝倉書店）

監修者／富田京一

爬虫類・恐竜研究家。国内各地で開催されている恐竜展に学術協力者として参加。『恐竜は今も生きている』(ポプラ社)などをはじめ、監修・著作多数。

表紙イラスト● 山本香奈衣　服部雅人　加藤愛一
本文イラスト● 山本香奈衣 (p10-11,16-17,26-27,29,34-35,40-43,48-49,50-51,57-59,65,
　82-83,94-95,97,108-109,112-113,115,118-123,129,160-161,163,165,170-173,
　180-189) 服部雅人 (p12-15,18-21,24-25,36-37,52-53,62-63,66-69,84-85,
　88-89,91-93,100-103,106-107,110-111,116-117,131,142-143,147,167-169)
　加藤愛一 (p22-23,38-39,46-47,54-55,70-75,124-127,132-137,139-141,145,
　150-151,158-159,174-175) おさとみ麻美 (p76-77,148-149,152-153)
　風美衣 (p86-87,99,105) 大片忠明 (p45,60-61) 菊谷詩子 (p177-179)
写真協力● ウエスタン古生物学研究所／北九州市立いのちのたび博物館／群馬県立
　自然史博物館／ジョージ・C・ペイジ博物館／ダラス自然史博物館／中国
　科学院古脊椎動物古人類研究所／デンバー自然史博物館／ペロー自然科
　学博物館／ロイヤル・ティレル博物館／ロサンゼルス郡立自然史博物館
　／ロンドン自然史博物館／ワイオミングダイナソーセンター／iZoo
編集協力● フィグインク

これマジ？　ひみつの超百科⑨

大昔のヘンな生きもの 超百科

発　行　2016年　4月　第1刷　　2022年　9月　第9刷

監修者　富田京一
発行者　千葉　均
デザイン　岩田里香
発行所　株式会社ポプラ社
　　　　〒102-8519　東京都千代田区麹町4-2-6
　　　　ホームページ www.poplar.co.jp
印刷・製本　中央精版印刷株式会社

Printed in Japan　N.D.C.475／191P／18cm　ISBN978-4-591-14979-9
©2016　Kyoichi Tomita　Printed in Japan